张远南
冯惠英
著

数学的奇境

清華大學出版社
北京

内容简介

本书用通俗的语言向读者介绍数学史上攻克世界难题、趣题的逸闻以及重要转折点和关键性突破中的奇闻趣事，同时展现了人类智慧的结晶——数学研究的成果和我国数学家的贡献。

本书语言流畅，深入浅出，把深奥的数学原理表达得极为浅显，把枯燥的数学形式融入历史情节，写得生趣盎然，展现了数学和谐、奇异的美。

图书在版编目(CIP)数据

数学的奇境/张远南，冯惠英著. —北京：清华大学出版社，2024.5
ISBN 978-7-302-65055-3

Ⅰ. ①数…　Ⅱ. ①张…　②冯…　Ⅲ. ①数学－通俗读物　Ⅳ. ①O1-49

中国国家版本馆 CIP 数据核字(2024)第 003484 号

责任编辑：胡洪涛　王　华
封面设计：于　芳
责任校对：欧　洋
责任印制：宋　林

出版发行：清华大学出版社
网　　址：https://www.tup.com.cn，https://www.wqxuetang.com
地　　址：北京清华大学学研大厦 A 座　　**邮　　编**：100084
社 总 机：010-83470000　　**邮　　购**：010-62786544
投稿与读者服务：010-62776969，c-service@tup.tsinghua.edu.cn
质量反馈：010-62772015，zhiliang@tup.tsinghua.edu.cn
印 装 者：北京嘉实印刷有限公司
经　　销：全国新华书店
开　　本：165mm×235mm　　**印　　张**：15.25　　**字　　数**：196 千字
版　　次：2024 年 5 月第 1 版　　**印　　次**：2024 年 5 月第1 次印刷
定　　价：68.00 元

产品编号：095513-01

PREFACE ○ 前言

我国著名数学家华罗庚有言:“宇宙之大,粒子之微,火箭之速,化工之巧,地球之变,生物之谜,日用之繁,无处不用数学。”数学是一切科学研究的基础,在众多领域都发挥着极其重要的作用。21世纪,数学在人工智能、大数据、金融数学、密码学和统计学等领域的应用,不断推动着数学学科的发展。然而,这些领域的应用仅窥见了数学应用广泛性的冰山一角,整座冰山还蕴藏着更大的能量等待探索。数学要发展,最根本的就是数学教育。数学教育看起来或许只是一种知识教育,但本质上更是一种素质教育。我们所接受的数学训练,所领会的数学思想和精神,所获得的数学素养,无时无刻不在发挥着积极的作用,成为提升逻辑思维能力、解决实际问题的重要因素。这意味着数学教育需要培养人更内在的、更深刻的东西:不仅要形成勤思考、善分析的好习惯,还要培养求严谨、重效益的科学精神。

“数学有趣,数学好玩,数学很美。”我国数学大师陈省身先生曾这样形容数学。数学是一门艺术,是一门让我们的头脑变得更灵敏的学科,它不仅能让我们收获新知,而且能让思维趋于严谨但保持活跃,所以我们应该喜欢数学。只有真正地喜欢数学,真正地爱上数学,我们才能把数学学好。《数学的奇境》就是这样一本书,它会带领我们走进一个神奇的世界,它会让我们爱上数学,打开数学知识的大门。书中故事精彩纷呈,文字浅显易懂，有助于激发读者阅读兴趣和对数学的热爱，并让读者体会到数学是无处不在的，数学与生活是息息相关的。

这些数学故事的趣味性在“莫把青春付流水”“异军突起”等标题中就可见一斑。一个个风趣诙谐的故事，配上生动形象的插图，蕴含着深刻的道理。这些故事最大的特点，是故事中有数学，每个故事都围绕某个具体数学问题，数学现象能和故事完美地结合，可谓匠心独运。读完故事，思考故事中的数学现象，便完成了一次趣味性极高的数学之旅。其中，没有晦涩深奥的理论，也没有单调枯燥的刷题，但对于培养数学素养的效果却是立竿见影的。本书各章节由浅入深，详略得宜，妙趣横生，或渊源有自，或立意深远，还畅述了不少史料和奇闻轶事，适合各层面的读者。

本书的第一作者张远南教授，是一名懂数学，富有数学情怀，且擅长以丰富形式展现数学魅力的老专家。在本书即将出版之际，张教授却与世长辞，留下宝贵的思想结晶以飨世人，但愿本书的顺利出版能聊以告慰前辈的在天之灵。

作为首版，书中的疏漏与错误在所难免，敬请读者批评指正！

冯惠英

2023 年 9 月

CONTENTS ○ 目录

一、数之源 //001

1. 记数史上的传奇 //002

2. 大数春秋 //006

3. π 的史诗 //009

4. 康托尔和“ℵ”家族 //013

5. 连续统之谜 //017

二、古老难题的最终结论 //020

1. 来自几何故乡的三大难题 //021

2. 笛卡儿的功绩 //023

3. 人类智慧的伟大胜利 //027

4. 莫把青春付流水 //030

三、代数学城堡的攻坚战 //034

1. 艰难的起步 //035

2. 跌宕起伏的科学 //038

3. 攻坚的接力棒 //041

4. 不怕“虎”的“初生牛犊” //044

5. 异军突起 //046

四、搬动几何学大厦基石的尝试 //051

1. 几何学大厦的基石 //052

2. 非欧几何的诞生 //056

3. 几何学“孪生三姐妹” //059

五、困惑人类的近代数学三大难题 //063

1. 哥德巴赫提出的猜想 //064

2. 悬奖 10 万金马克的问题 //067

3. “四色猜想”的始末 //070

4. 跨世纪的挑战 //073

六、数学史上的三次危机 //076

1. 跨越新数的鸿沟 //077

2. 由贝克莱引发的论战 //081

3. 修补数学基础的裂缝 //084

4. 悖论和它的历史功绩 //087

七、数学的迷幻世界 //091

1. 奇异的幻方世界 //092

2. 世界三大不可思议益智游戏 //103

3. 使人迷离的图形分割 //114

4. 推理能力的磨刀石——数独 //118

5. 千变万化的“生命”世界 //131

6. 算术中的奇事 //142

7. “洗牌”与数学 //146

8. 吞噬人类智慧的无底洞 //156

八、人类征服空间的典范 //160

1. 从平面想象空间 //161

2. 铁窗中孕育出的几何学 //163

3. 没有长短和大小的世界 //167

4. 方兴未艾的分形几何 //171

5. 令人赏心悦目的“铺砌” //180

九、叹为观止的丰碑 //192

1. 笔尖下的发现 //193

2. 晶体世界的范类 //196

3. 物理学的翅膀 //199

4. 市场经济的模型 //203

5. 考古史上的奇迹 //206

6. 竞争中的对策 //209

7. 计算机带来的革命 //216

8. 揭开混沌现象的奥秘 //220

9. 运筹帷幄，决胜千里 //229

一、数之源

1. 记数史上的传奇

我们这个星球的文明，有着惊人的相似。无论是东方还是西方，都有着一样的“数之初”。

1937年，人们在维斯托尼斯发现了一根大约40万年前的幼狼桡骨，上面刻有55道深痕。这是至今人们发现的最早的记数资料。图1.1.1中左图是我国北京郊区周口店出土，大约1万年前“山顶洞人”用的刻符骨管。骨管上的点圆形洞代表着数字“1”；而长圆形洞，则很可能代表数字“10”。如果考古学家最终确证是这样的话，那么左、右两图分别代表“5”和“13”。令人惊讶的是，这种古老的刻划记数法，在个别地区竟被使用到近代！图1.1.2是我国云南地区傈僳族20世纪50年代的一块刻木，上面的4个符号表达了以下意思：“三个人，月亮圆时，和我们见面了，今送上大中小三包土产，以表心意。”

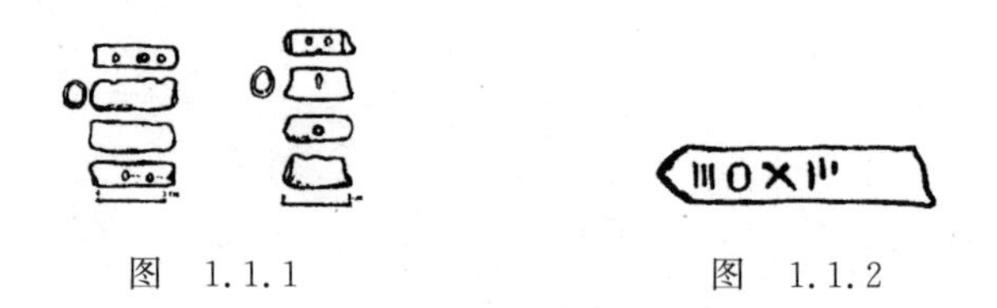

图 1.1.1　　　　图 1.1.2

结绳记数，几乎在所有民族的文化中都曾出现过。传说古波斯王在一次打仗中，命令将士们守一座桥，要守60天。为了把“60”这个数准确地表示出来，波斯王用一根长长的皮条，在上面系了60个结。他对将士们说：“我走后你们一天解开一个结，什么时候解完了，你们的任务就完成了，可以回家了！”我国的《易经》也曾记述过上古时期我们祖先“结绳而治”的情况。图 1.1.3 是甲骨文中的“数”字。它的右边表示右手，左边则是一根打了许多绳结的木棍。细细看去，还真有点像一只手在打结呢！

图　1.1.3

在南美的印加族，人们习惯每收进一捆庄稼，就在绳子上挽一个结，用来记录收获多少。这种习俗在一些偏僻的山村，甚至一直沿袭到现在。

久远的年代，常常会使事件笼罩上一层神秘的色彩。地球上几个最古老民族的早期数字系统，对于数学史家来说，依然存在着不少的谜。

这些数字系统，基本上是十进制的。这种进制大约是因为人们的双手都长着十个指头的缘故吧。

然而古巴比伦的楔形文字，为什么既有十进制，又有六十进制呢？玛雅人的数字在画第一个椭圆时表示“乘以 20”，而当画第二个椭圆时为什么变成“乘以 18”？在古埃及数字中为什么用“●”表示“100”？这些问题的答案至今人们还不是完全清楚。（图 1.1.4）

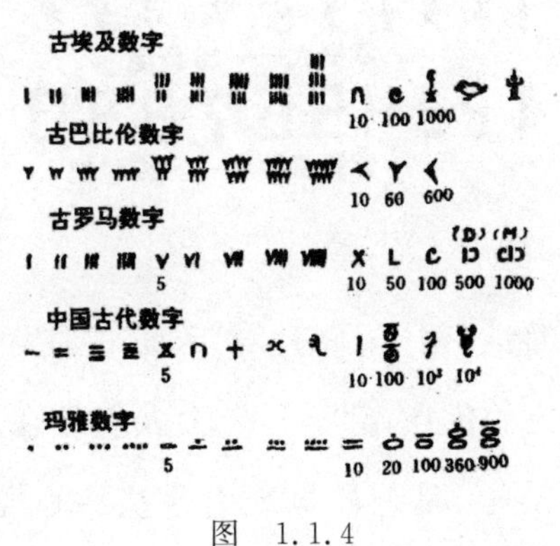

图　1.1.4

古代中国的数字，有些是象形的，如一至四。至于为什么用“ ”和“ ”表示百和千？人们猜测：“ ”可能表示果子，而“ ”表示草。纤纤细草，遍布大地；累累硕果，挂满树梢！用这两样东西代表“百”和“千”的数量，似乎有点道理。令人难以捉摸的是，为什么代表“一万”的符号，如此像一只蝎子？（图 1.1.5）莫非史前有一个时期，这种其貌不扬的小动物，曾经极度繁衍，肆虐一时？为此，上古人书其形，表其多，称为“万”。事实究竟如何，只好留待史学家去细细查考了！

图 1.1.5

现今普遍使用的阿拉伯数字，是印度人创造的。它被冠以“阿拉伯”的头衔，是一种历史的误会。欧洲人起初认为这种先进的数码来自阿拉伯。其实阿拉伯地区仅仅充当了转手而已！（图 1.1.6）

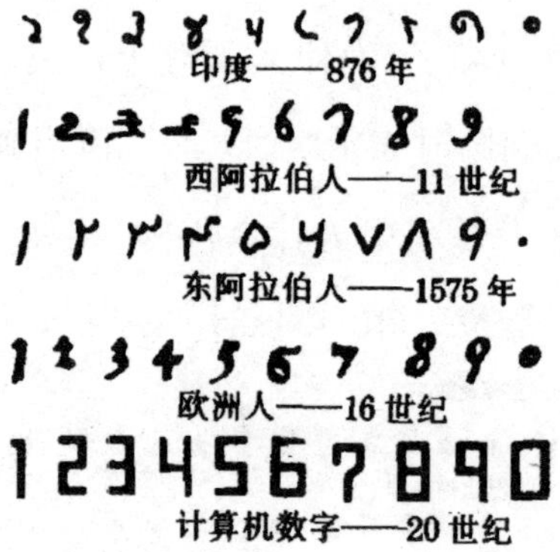

印度——876 年

西阿拉伯人——11 世纪

东阿拉伯人——1575 年

欧洲人——16 世纪

1234567890

计算机数字——20 世纪

图 1.1.6

阿拉伯数字不仅简洁、明了，而且对于“0”的使用，更是一种伟大的创造！这种数字无与伦比的优点，甚至到今天人们还在逐渐体会。读者只要看一看计算器的显示屏上，是怎样显现出这些赏心悦目的数字，就必然会有一种深刻的感受。

国外曾有人考证，阿拉伯数字的发明是基于角的数量，如图 1.1.7 所示：“1”有 1 个角，“2”有 2 个角，“3”有 3 个角……

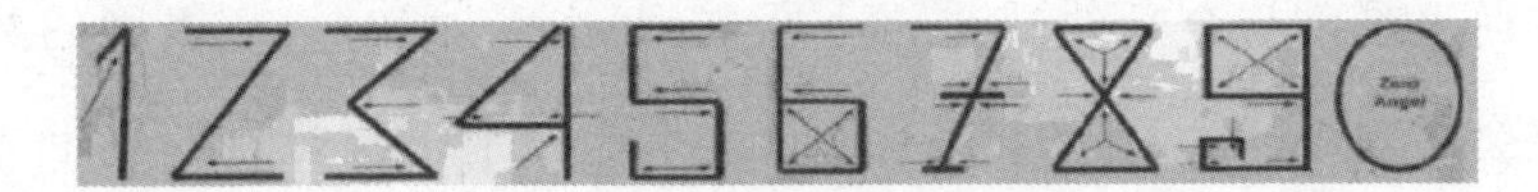

图 1.1.7

这一观点，虽说有些牵强，但仔细琢磨似也不无道理，算得上一种别出心裁的奇异之说。

有趣的是，大自然似乎也对这种数字表示偏爱。图 1.1.8 是生长在热带地区的一种蝴蝶，它翅膀中央的图案，竟是两个颇为标准的阿拉伯数字 8 和 9。这真是天工造物！

图 1.1.8

在记数传奇的最后，我们还要提一下近代的一个大数 googol。

1940 年，美国作家 E. 卡斯纳在科普书《数学和想象》中，引进了一个叫 googol 的数。此数等于 100 个 10 连乘，即 10^{100}。它相当于中国人讲的

“一万亿亿亿亿亿亿亿亿亿亿亿亿”。

不知什么缘故，这个非数学家创造出的数 googol 居然很快风靡全球，以至于如今的词典也收进了这个新词。这不能不算是 20 世纪的一件奇事！

2. 大数春秋

原始的人类对数的认识是极为粗糙的。那时部落的智者，其计数水平无论如何也难以与今天的幼儿园小朋友相抗衡。那时最高级别的数学竞赛大概会是这样的：人们期望在数的大小比较上一决雌雄！某甲先报了一个他认为最大的数"二"，不料某乙智商颇"高"，居然报出一个比"二"还大一的数"三"，这是那个时代人们对"大数"认识的极限。某甲苦思冥想，实在想不出什么更大的数。他本想说"许多"，因为他认为"许多"要比"三"大。但"许多"是数吗？他茫然了，终于表示认输！

到了上古时期，人们仍满足于一些不大的数。因为对于日常生活，这已经足够了！罗马数字中的最大记号是"M"，它代表着1000。倘若古罗马人想用自己的记数法表示现今罗马城人口的话，那将是一项艰巨的工作。因为，他要一个接一个地写上数以千计的"M"才行！

在古埃及，人们认为10000是极大的数，这样的数已经模糊得令人难以想象，所以称为"黑暗"。几个世纪以后界限放宽到100000000，即"黑暗的黑暗"，并认为这是人类智慧的边界。

从对3000多年前的殷墟的考古中，人们在兽骨和龟板上的刻字里发现了许多数字，其中最大的达"三万"。图1.2.1是出土的殷墟甲骨上的数目字。

印度是"大数"传说的故乡。据说，舍罕王打算重赏象棋发明人宰相西萨·班。这位聪明的大臣跪在国王面前说："陛下，请您在这张棋盘的第一个小格内，赏我一粒麦子；在第二个小格内给两粒；第三个小格内给四粒；以后每一小格都比前一小格加一倍。陛下啊，把这样摆满棋盘64个格子的麦粒，都赏赐给您的仆人吧！"

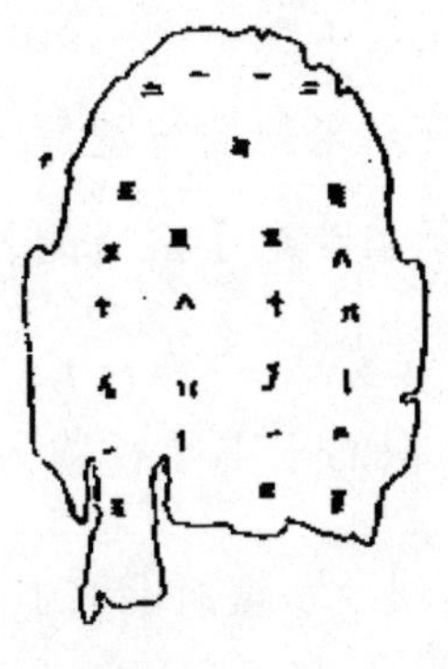

图 1.2.1

西萨·班宰相要求的麦粒总数为

$$2^{64}-1=18446744073709551615$$

这相当于当今世界 500 年小麦产量的总和！

这个故事的最终结局人们并不清楚。猜想西萨·班聪明反被聪明误，最后因这笔无法兑现的奖赏，而被舍罕王砍掉了脑袋。

另一个大数传说与“世界末日”问题有关。传说在印度的贝拿勒斯圣庙里安放着一块黄铜板，板上插着 3 根针(图 1.2.2)。最初，其中的一根针从上到下串有由小到大的 64 叶金片。据说当时梵天曾经授言：无论黑夜白天，都要有一个僧侣值班，把金片在 3 根针上移来移去，但小片永远要在大片上面。当所有的 64 叶金片，都从起先的那根针，移到另一根针上时，“世界的末日”便将来临！

图 1.2.2

计算的结果表明，要把 64 叶金片都移到另一根针上去，需要移动的次数，恰好与西萨·班要求的麦粒数相等。如果一秒钟移一次的话，则需要移动约 5800 亿年！这远远超过了整个太阳系的存在时间！

在古希腊的科学家中，阿基米德的智慧是无与伦比的。他找到了一种表示大数的方法，并用此表示出整个宇宙所能装下的砂粒数。这个数字相当于 10^{63}。

然而阿基米德当时所认识的宇宙半径约为今天人们认识的宇宙半径的 $\frac{1}{38700000000}$。由此算来，现今宇宙所能装下的砂粒数应为 5.82×10^{94}。

数是量的抽象，量则是数的载体。人类对现实量的认识随着时代的进步而逐渐深化。

迄今为止，人类所认识的空间尺度最小的物质是“夸克”。夸克的直径约为 10^{-18} 米，而今天人类认识的宇宙可见边界的直径，却远达 930 亿光年，即约 10^{27} 米，相比之下可测长度跨越了 45 个数量级。

时间只能从过去走到现在，又从现在奔向将来！一个 Ω 介子的寿命，少到只有 10^{-22} 秒，而红矮星的寿命却高达 3×10^{18} 秒，可测时间竟跨越了 40 个数量级。

在质量方面，一个电子质量约为 10^{-30} 千克，而宇宙总质量却多达 10^{53} 千克，相比之下可计质量跨越了 83 个数量级。

但所有上述这些，都还没有超过按阿基米德方法算出的现今宇宙砂粒数。

目前，在有意义的大数中，“梅森素数”稳居榜首！

1644 年，法国数学家 M. 梅森(M. Mersenne)指出，在形如 2^p-1 的式子中存在着许多素数。为方便叙述，我们把 $M_p=2^p-1$ 称为“梅森数”，而把梅森数中的素数称为“梅森素数”。

梅森本人列出了 9 个“梅森素数”，它们是

$M_2, M_3, M_5, M_7, M_{13}, M_{17}, M_{19}, M_{31}, M_{127}$。

人们至今仍不知道，梅森是用什么办法判定他找到的这些数是素数的。但梅森曾经断言 M_{67} 和 M_{257} 是素数，后来被否定了。同时梅森还漏

掉了 M_{127} 之前的 3 个素数 M_{39}、M_{61} 和 M_{107}。

1962 年,人们借助电子计算机,又找到了 8 个梅森素数,其中最小的一个是 $M_{521}\approx 6.86\times 10^{156}$,它已大大超过了 googol! 没过多久,美国伊利诺伊大学的数学家又找到了 3 个更大的梅森素数,其中最大的是 M_{11213},这个数为

$$M_{11213}\approx 2.81\times 10^{3375}$$

这更是 googol 望尘莫及的!

M_{11213} 的冠军宝座尚未坐热便宣告下台,取而代之的是 M_{19937}。此后,每过几年,冠军宝座都会轮番易手,到 1996 年 11 月冠军尚属 $M_{1398269}$,而到 1998 年 1 月,却又换成了 $M_{3021377}$。2018 年第 50 个梅森素数 $M_{77232917}$ 刚被找到,在同年 12 月 7 日,人们又找到了第 51 个梅森素数 $M_{82589933}$,它有 24862048 位,如果用普通字号将它打印下来,其长度将超过 100 千米。

$M_{82589933}$ 的后承完全数为

$$2^{82589932}(2^{82589933}-1)$$

这一长达 49724095 位的大数,是目前人类认识的有意义的数中的最高纪录!

3. π 的史诗

π 是圆周长与直径的比值。一部计算圆周率 π 的历史,被誉为人类"文明的标志"。

在上古时期,人们普遍认为圆周长等于直径的 3 倍。我国早期的数学著作《周髀算经》里,就有"径一周三"之说。古希伯来人似乎也是这样认为的。据传当时他们要建造一个熔池,规定:"池为圆形,对径为十腕尺,池高为五腕尺,其周长为三十腕尺。"可见,当时的希伯来人也认为 $\pi=3$。

在历史上科学地确定 π 值,要首推古希腊著名科学家阿基米德。公元

前3世纪，阿基米德极耐心地计算了圆内接正96边形的周长，发现π的值略小于$\frac{22}{7}$，而略大于$\frac{223}{71}$，从而得出π=3.14。

阿基米德(公元前287—前212)

263年前后，我国魏晋时期的数学家刘徽，利用“割圆术”计算了圆内接正3072边形的面积，求得

$$\pi\approx\frac{3927}{1250}=3.1416$$

在此之前，我国东汉时期的科学家张衡，曾主张在实用中取

$$\pi\approx\sqrt{10}=3.16$$

刘徽之后又过了大约200年，我国南北朝时期杰出的数学家祖冲之，用至今人们还不太清楚的方法，确定了π的真值介于3.1415926与3.1415927之间。他还主张用$\frac{22}{7}$作为π的粗略近似值(疏率)，而用$\frac{355}{113}$作为π的精确近似值(密率)。祖冲之求得的π值，具有很高的精确度。如果用它来由$C=2\pi r$计算地球赤道的周长，其误差将不会超过3米！

祖冲之确定的π值的纪录，保持了近1000年！直至1427年，中亚数学家阿尔·卡西计算了圆内接和外切正$3\times2^{28}=805306368$边形的周长后，得出π的更精确值，精确到小数点后17位：

$$\pi\approx3.14159265358979323$$

祖冲之(429—500)

1610年,德国人鲁道夫花费了毕生精力,计算了正2^{62}边形的周长后,得到了π的精确到小数点后35位的数值。鲁道夫的工作表明了古典的求π方法已经走到了尽头。

为了寻找求π的新路,一批数学家奋力探索,终于出现了百花齐放的局面。

1593年,法国数学大师韦达(Vieta)首战告捷,他找到了π的无穷乘积的表示法:

$$\pi=2\times\frac{2}{\sqrt{2}}\times\frac{2}{\sqrt{2+\sqrt{2}}}\times\frac{2}{\sqrt{2+\sqrt{2+\sqrt{2}}}}\times\cdots$$

并用它算得了与阿拉伯数学家卡西相同的结果。

1650年,英国数学家沃利斯(Wallis)提出了另一种看起来似乎很简单的π的表示法:

$$\frac{\pi}{2}=\frac{2\times2\times4\times4\times6\times6\times8\times8\times\cdots}{1\times3\times3\times5\times5\times7\times7\times\cdots}$$

又过了一个世纪,瑞士数学家欧拉用一种极为巧妙的方法,得到了一个求π公式:

$$\frac{\pi}{6}=\frac{1}{1^2}+\frac{1}{2^2}+\frac{1}{3^2}+\frac{1}{4^2}+\cdots$$

1767年,德国数学家兰伯特(Lambert)证明了π是无理数。一个世纪后,1882 年,另一位德国数学家林德曼(Lindemann)证明了 π 是超越数。兰伯特和林德曼的论证,表明求 π 的工作永远没有画上句号的时候!

1777 年,法国数学家比丰(Buffon)异军突起,他设计了一种试验:往画有等距平行线的纸上投针,然后利用小针与平行线相交的概率来计算 π 值(图 1.3.1)。

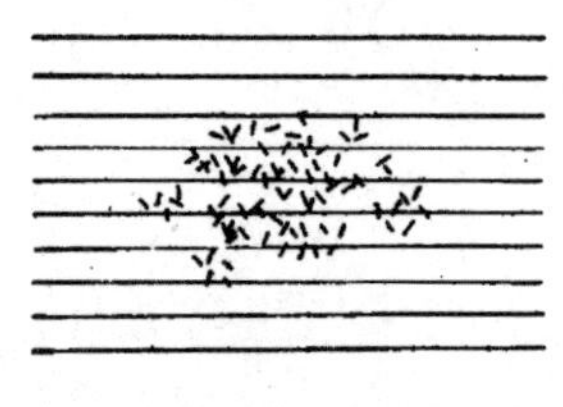

图 1.3.1

不可思议的是,20 世纪初意大利数学家拉兹瑞尼(Lazzerini)竟用比丰的方法轻松地得到:

$$\pi=3.1415929$$

其精度之高,令人瞠目结舌!

1872 年,英国学者威廉·向克斯利用当时最先进的手段把 π 算到了小数点后 707 位,为此他花了整整 20 年。

向克斯所求的 π 值,引起了数学家法格逊的怀疑。原来,法格逊认为:在 π 的数字式中,不可能对某个数码特别偏爱。于是,他检查了向克斯 π 的前 608 位数字,发现其中"3"出现了 68 次,而"7"只出现 44 次。据此他怀疑向克斯的 π 值可能有错!于是他下定决心进行复核,动用了当时最先进的计算工具,从 1944 年 5 月到 1945 年 5 月,整整算了一年!他终于发现,在向克斯 π 的 707 位小数中,只有前 527 位是正确的!

不过,向克斯 π 的纪录,依旧保持到 1949 年。那一年,美国学者雷托思纳用 ENIAC 计算机,把 π 算到了小数点后 2037 位。此后,随着大型电子计算机的出现和应用,π 值的计算取得了飞速进展。1961 年,美国人丹尼尔(Daniel)和伦奇(Wrench)把 π 算到了小数点后 100265 位。20 年后,日本人把纪录推过了2000000位大关。这种对π位数的竞相追逐,除了检验计算机的性能,对科学的理论和实践实在是没有什么太大的用处!

不能不提的是,1914年,一位颇具神秘色彩的印度年轻数学家S.拉马努贾,在没有提供任何证明的情况下,提出了以下公式:

$$\frac{1}{\pi}=\frac{\sqrt{8}}{9801}\sum_{n=0}^{\infty}\frac{(4n)!(1103+26390n)}{(n!)^4 396^{4n}}$$

然而时至今日,没有人知道拉马努贾是怎样得到这个公式的,只是计算后发现,其结果具有极高的可信度。运用这一公式,可以快捷计算出π的值。计算机科学家们对这一公式改造后,将π的值计算到小数点后1700万位。

目前π的最多位数已算到了小数点后6.28×10^{13}位,这是瑞士格劳布恩登应用科学大学的科学家们,使用超级计算机,从2021年5月4日到2021年8月16日,计算了105天零9小时后得出的。他们还宣布所得圆周率的最后十位的数字为7817924264,并且申报了吉尼斯世界纪录。此前,π的最多位数为31.4万亿位,是谷歌于2021年6月14日宣布的!

具有讽刺意味的是,1987年,美国印第安纳州议会通过246号房屋法案,规定"π为4左右"。这一最不精确的π值,一经出炉,便立即被收入了《吉尼斯世界纪录大全》!

4. 康托尔和"ℵ"家族

今天,即使最不善于算术的小学生,也不至于像远古部落的贵族那样智穷力竭。他们只要将你所说的数加上1,一定会得到一个更大的数。

然而人世间确实存在一些无穷大的数,它比我们提过的所有大数都要大不知多少。如"所有自然数的个数""一条线段上点的个数"等。直至目前,我们除谈论它们的个数无限之外,的确很难再说出一些"子丑寅卯"。要是现在举行这样的一场竞赛:看谁说出的无穷大会更大些?说不定人们的尴尬更有甚于原始部落的贵族!

人类对无限的认识似乎很早。我国春秋时期的墨子，就有过“一尺之棰，日取其半，万世不竭”之说，不过，真正接触无限本质的却鲜有其人。第一个有意识触及“无限”的实质的，大约要算16世纪意大利的伽利略(Galilei)。他把全体自然数与它们的平方对应起来(图1.4.1)：

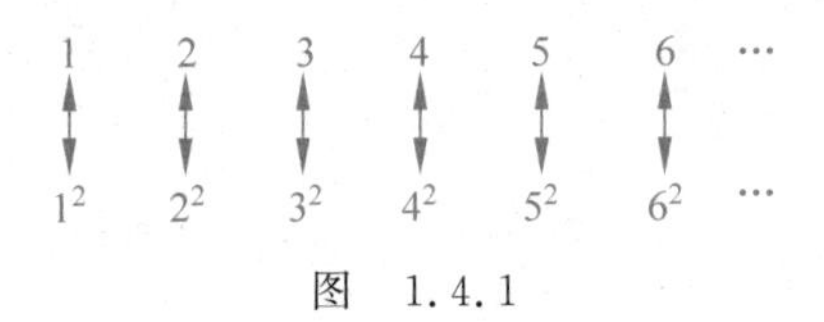

图 1.4.1

它们谁也不多一个，谁也不少一个，一样多！然而后者明显只是前者的一部分。部分怎么能等于整体呢？伽利略感到迷惑了，但他至死也没能理出一个头绪来！

真正揭示“无限”本质的，是年轻的德国数学家康托尔(Cantor)。1874年，康托尔经过深思熟虑，得出一个重要结论：如果一个量等于它的一部分量，那么这个量必是无限量；反之，无限量必然可以等于它的某一部分量！接着，康托尔引进了无限集基数的概念，他仿照有限数比较的办法，把元素间能够建立起一一对应的两个集合，称为具有相同的基数。这样，自然数集与自然数平方的数集，便具有相同的基数。这个自然数集的基数显然是紧接着有限数之后的第一个“超限数”。康托尔把它记为“$\aleph_0$”(读“阿列夫零”)。

康托尔(1845—1918)

如果康托尔的工作，仅仅到此为止，那么他的理论也就无足轻重了。然而，康托尔在此之后又完成了几项令人瞠目结舌的重要工作，使世人对他的理论刮目相看！

首先，康托尔把全体有理数如图 1.4.2 那样排成点列，然后按箭矢的走向与自然数全体建立起一一对应。从而证明了在数轴上排得稀稀疏疏的自然数与数轴上挤得密密麻麻的全体有理数，具有同样的超限基数$\aleph_0$！

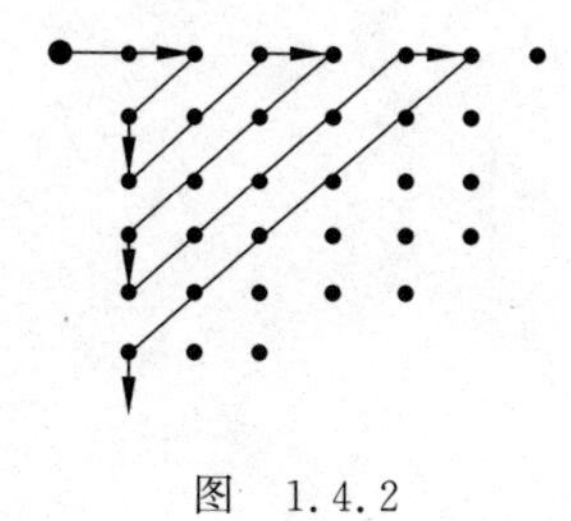

图 1.4.2

接着，康托尔又证明了一个更为神奇的结论：单位线段内的点，能与单位正方形内的点建立起一一对应。康托尔的证明虽说不难，但精妙无比！

设单位正方形内的点的坐标为(α,β)，其中α,β写成十进制小数是

$$\begin{cases}\alpha=0.a_1a_2a_3\cdots\\\beta=0.b_1b_2b_3\cdots\end{cases}$$

令$\gamma=0.a_1b_1a_2b_2a_3b_3\cdots$，则$\gamma$必为$(0,1)$内的点。反过来，单位线段内的任一点$\gamma^*$：

$$\gamma^*=0.c_1c_2c_3c_4c_5c_6\cdots$$

它对应着单位正方形内部的唯一一个点(α^*,β^*)：

$$\begin{cases}\alpha^*=0.c_1c_3c_5\cdots\\\beta^*=0.c_2c_4c_6\cdots\end{cases}$$

就这样，康托尔证明了一块具有一定面积的图形上的点，可以同面积为零的线段上的点一样多(图 1.4.3)！这一结论可说是大大出乎人们的意料！

最为令人震惊的是，康托尔指出，比$\aleph_0$更大的超限基数是存在的！他

匠心独运,把代数中幂的概念移植到集合中来,构造出了“幂集”。这一集合相当于基数是$\aleph_0$的集合的所有子集所组成的集合,此集合的基数记为$2^{\aleph_0}$。

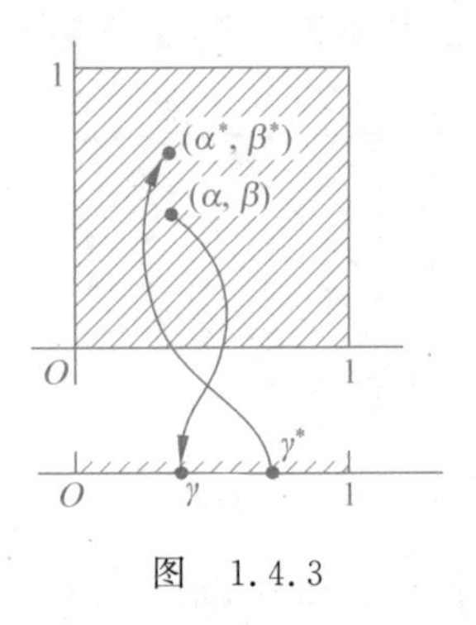

图 1.4.3

1874 年,康托尔论证了幂集的无穷大级别,要大于原集的无穷大级别。特别地,我们有

$$2^{\aleph_0} > \aleph_0$$

为了便于书写,康托尔把$2^{\aleph_0}$记为$\aleph_1$。然后用同样的手段,由$\aleph_1$得出更大的超限基数$\aleph_2=2^{\aleph_1}$,$\aleph_3=2^{\aleph_2}$,…

就这样,康托尔找到了一个“青出于蓝而胜于蓝”的无穷大家庭:

$$\aleph_0,\aleph_1,\aleph_2,\aleph_3,\cdots$$

阿列夫家族的第一代$\aleph_0$,便是大家熟悉的可数集基数,阿列夫家族的第二代$\aleph_1$,康托尔证实了它相等于全体实数的数目,也等于宇宙之间所有几何点的数目;阿列夫家族的第三代$\aleph_2$,则表示空间所有的曲线的数量;至于$\aleph_3$,$\aleph_4$,…虽然极尽人类的智慧和想象,但直至今天,还没有人能够说出它的现实表示。这一情景,与远古人类对数的粗浅认识,无疑是一种耐人寻味的比照!

康托尔的“无限”理论,就是这样的奇特,这样的与众不同!难怪这一理论从诞生之日起,便受到传统势力的抵制,有人甚至骂他是“疯子”,连他所敬重的老师，当时颇负盛名的数学家克朗涅克(Kronecker)，也宣布不承认康托尔是他的学生！

然而，历史是公正的。康托尔的理论并没有因歧视和咒骂而泯灭！今天，康托尔所创立的理论，已成为巍峨数学大厦的坚固基石。

5．连续统之谜

1874年，康托尔以其非凡的思考，论证了幂集的基数大于原集的基数。康托尔精妙无比的证明，是从反设“$2^{\aleph_0}=\aleph_0$”开始的。这一反设意味着一个集合的元素个数和它子集的个数相等。

为了避免枯燥无味的叙述，并使论证显得更加生机勃勃，令集合{1，2，3，…}的元素是一个个活生生的人，而它的子集则是一组组人群。那么，此时反设的含义便是：“人与人群的数量一样多！”这就是说，每一个人都对应着一组人群，而每一组人群也都对应着一个确定的人。

下面我们再做一些有趣的规定：如果一个人恰好在他所对应的人群中间，这样的人我们就称为“男人”；如果一个人不在他所对应的人群中间，这样的人我们就称为“女人”。显然，不管是哪一个人，要么是“男人”，要么是“女人”，二者必居其一！

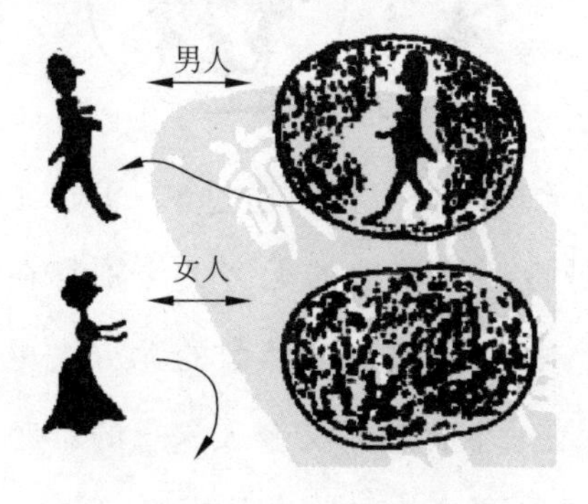

容易明白，所有的女人也组成一个人群。这个“女人群”自然也应当有一个人同它对应。现在我们要问：“这个与‘女人群’对应的人，本身是‘男人’呢，还是‘女人’?!”

回答是令人惊讶的!

首先，这个与“女人群”对应的人绝不可能是“男人”。因为如果是“男人”，他必须在所对应的人群之中。但他所对应的人群，其中全是“女人”，怎么会混进一个“男人”呢?!

其次，这个与“女人群”对应的人也不可能是“女人”。因为根据定义，“女人”必须不在她所对应的人群之中。但“女人群”中包含着所有的“女人”，那个与它对应的“女人”自然也不例外。所以此人也绝非“女人”!

可是我们前面说过，每个人非男即女。但到头来竟出现“不男不女”的人！那么问题出在哪里呢？原来问题就出在“人与人群一样多”这句话上！这意味着反设“$2^{\aleph_0}=\aleph_0$”是错误的。既然 $2^{\aleph_0}$ 不等于$\aleph_0$，又不可能小于$\aleph_0$，那就只有

$$2^{\aleph_0}>\aleph_0\text{，即 }\aleph_1>\aleph_0$$

前面我们已经了解到，$\aleph_0$ 代表着可数集的基数，而$\aleph_1$ 代表着实数集的基数。由于实数代表着数轴上连续的点，所以$\aleph_1$ 也叫作“连续统”基数。

聪明的读者可能觉得奇怪：我们通过$\aleph_0$ 求得了$\aleph_1$，那么，在这两个无穷大的基数之间，是否还有其他的无穷大级别存在呢？也就是说，是否存在一个这样的集合，它的基数比自然数的无穷大更大，而比数轴上点的数目要小呢？这的确是一个有趣而又令人深思的难题。

1878 年，康托尔提出了这样的猜想：即在$\aleph_0$ 与$\aleph_1$ 之间不存在其他的无穷大基数。但康托尔本人无法予以证实。这个问题后来变得非常著名，它就是所谓的“连续统假设”。

古往今来，大概再没有第二个问题，它的提出只需要极少的知识，而它的解决却困难无比！数学家们在经历了大约四分之一世纪徒劳的努力之后，于1900年，在巴黎召开的第二次国际数学家大会上，德国数学家希尔伯特（Hilbert）把"连续统假设"摆在20世纪需要攻克的23个数学问题的第一个。

连续统之谜，前前后后困惑了人类大约一个世纪。这个谜的最终解开是所有数学家始料未及的！

1938年，奥地利数学家哥德尔（Gödel）证明了："连续统假设决不会引出矛盾。"这不只是说，至今为止人们还没有找出连续统假设的错误，而是说人类根本不可能找出连续统假设有什么错误！

哥德尔引起的轰动，整整持续了四分之一世纪。就在这一轰动尚未完全平息之际，1963年，美国数学家保罗·柯亨又得出了另一个更加惊人的结论："连续统假设是独立的！"这意味着连续统假设不仅今天没能被证明，即使在将来也不可能被证明！

100年的风风雨雨，用最简洁的语言表达就是4个字："无可奉告！"

无可奉告！这也是人类对这一历史之谜的最终解答！

二、古老难题的最终结论

1. 来自几何故乡的三大难题

在欧洲巴尔干半岛的南端，有一个地中海沿岸的文明古国希腊。古希腊人崇尚严谨，在几何学的形成和发展上做出过巨大的贡献。

好辩的古希腊人，鄙夷任何不确定或模棱两可的东西。他们认为，没有任何东西能够像直线和圆那样，明确得使人无可挑剔！况且这两者的获得又最为容易：用一个边缘平直的工具，便能随心所欲地画出一条直线；而用一端固定另一端旋转的工具，便能得到一个圆。所以，古希腊人认为，几何作图规定只许使用圆规和直尺，这是天经地义的！

在古希腊，几何学重在推理。因此，对于作图工具的直尺，自然不允许赋予人为的刻度。在公元前3世纪成书的，集古希腊数学之大成的《几何原本》中，对直尺的作用，规定了以下两条：

(1) 经过已知两点作一直线；

(2) 无限地延长某一直线。

对于圆规的用法，《几何原本》则限于以一点为圆心过另一点作圆。此外，对于已知直线与直线、直线与圆或圆与圆，当它们相交时，允许求出它们的交点(图2.1.1)。

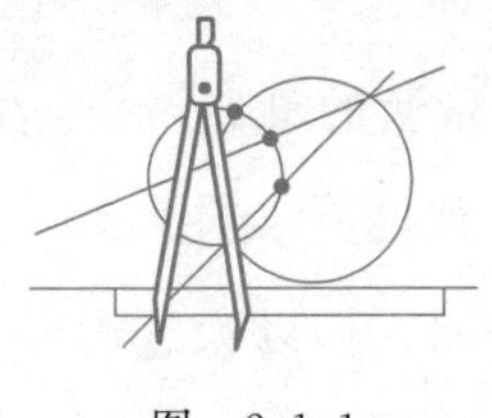

图 2.1.1

以上规定，通称尺规作图的公法。凡不符合公法规定的作图，都被认为是不允许的。

在公元前6世纪至公元前4世纪，在几何学故乡的古希腊，人们就曾热衷于以下3个貌似简单的作图问题：给你一把圆规和一根直尺，经过有限的步骤，你能否：

(1) 把一个给定的角三等分。(三分角问题)

(2) 作一个立方体使它的体积是已知立方体体积的两倍。(倍立方问题)

(3) 作一个正方形使它的面积等于已知圆的面积。(圆化方问题)

没想到，就是这3个古老的问题，竟困惑了人类整整20个世纪！

在上述问题中，最容易使人产生错觉的是三分角问题。由于几乎人人都能轻而易举地用尺规平分一个给定角(图2.1.2)，因而也就几乎人人都相信自己，同样具备三等分一个角的能力！况且确实也有一些角，例如直角，我们能够用尺规三等分它。

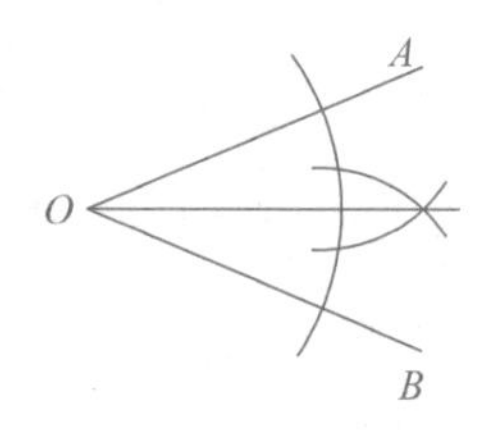

图 2.1.2

以上的错觉是如此根深蒂固，以至于在这一问题取得反面解决(1837年)的一个多世纪后的今天，依然有许多不知深浅的年轻人，为此而徒劳地耗费大量的时间和精力。

倍立方问题是3个古老难题中最富神奇色彩的。它始于一个有趣的神话：传说公元前5世纪古希腊的雅典，流行着一场可怕的瘟疫。人们为了消除这场灾难向神祈祷。神说："要使疫病不流行，除非把神殿前的立方体香案的体积扩大一倍。"开始人们以为这十分容易办到，只需把香案的棱放大一倍就行。不料神灵勃然大怒，疫情越发不可收拾。人们只好再次向神顶礼膜拜，才知道新香案的体积并不等于原香案体积的两倍。这个传说的结局如何？今天已经无人知晓。但这个古老的问题，却从此流传了下来。

据说当年古希腊哲学家柏拉图(Platorn)和他的学生也曾研究过倍立方问题，但束手无策。这个问题的症结在于：新香案的棱长等于原香案棱长的$\sqrt[3]{2}$倍，而$\sqrt[3]{2}$已与三分角问题同时被证实为不可能用尺规作出！

圆化方问题，粗略看去，很难使人感到它深不可测。假定已知圆半径为r，则所求正方形边长$x=\sqrt{\pi}r$(图2.1.3)。从表面上看，它似乎相当简单，只是求比例中项的问题。其实，它非常难！关键在于π，人们很迟才知道它是怎样的一个角色！

圆化方问题今天也被证实不可能用尺规作出。但它的最终解决要比其他两个问题晚了近半个世纪，大约在1882年才得见端倪。

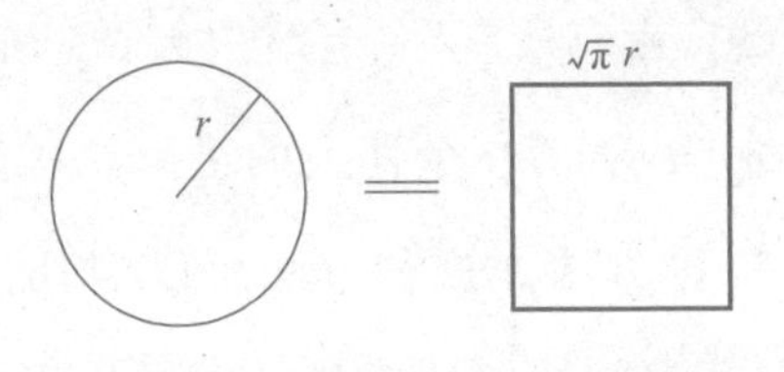

图 2.1.3

2. 笛卡儿的功绩

历史鸿篇，艰难地翻动了一页又一页。经过整整20个世纪的努力，人类终于揭开了古代三大几何难题的谜底！而这一切的实现，首先要归功于笛卡儿坐标系的建立。

在17世纪以前，几何和代数这两个分支基本上是独立的。人们把代数里研究“数”与几何里研究“形”，看作全然不同的两回事，采用的方法也迥然不同。欧几里得的《几何原本》是一部公认的经典著作。书中的第七章至第九章，实际上讲的是数论问题。然而，即使像“素数无限性”这样纯粹数的问题，也是采用纯几何的方式予以表达。这种形与数分立的历史，一直持续到17世纪。

几何与代数之间鸿沟的填平，具有传奇般的色彩。

1619年，一位才智超群的青年军官，对如何把代数运用到几何上的问题，发生了浓厚的兴趣。当时部队驻扎在多瑙河旁的小镇，蓝色的天空，绿色的原野，流星在夜空中划过，骏马在大地上奔驰。这一切都引起了这位酷爱数学的青年人的联想：陨落的流星，驰骋的骏马，它们运动的轨迹应该怎样去描述？

一天夜晚，青年军官躺在床上久久不能入睡。突然，天花板上的一只小虫落入他的视野：小虫缓慢而笨拙地走着它那自以为是的弯路。一时间他思绪叠涌：虫与点，形与数，快与慢，动与静，他似乎感到自己已经悟出了其间的奥秘，但又似乎感到茫然。他昏然了，终于深深地进入了梦乡。

常言道："日有所思，夜有所梦"。有时白天百思不得其解的问题，夜晚的梦却能给人启迪。那天晚上，一个伟大的灵感在睡梦中产生了。这位年轻的军官终于悟出了一种方法。这种方法可以把几何语言"翻译"为代数语言，从而可以把任何几何问题转化为代数问题加以求解。这就是我们今天常说的解析几何方法。创造这一方法的年轻军官，就是后来成名的法国大数学家R.笛卡儿(R. Descartes)。

笛卡儿(1596—1650)

笛卡儿把几何语言“翻译”成代数语言的方法，今天的中学生已经都很熟悉。那就是：在平面上取两条互相垂直的直线为坐标轴，水平的叫横轴，垂直的叫纵轴。它们的交点 O 叫坐标原点。于是，平面上任一点 P 的位置，都可以用它跟坐标轴的有向距离来决定。P 点到纵轴的有向距离称为 P 点的横坐标，常记为 x；P 点到横轴的有向距离称为 P 点的纵坐标，常记为 y（图 2.2.1）。基于上述方法，笛卡儿列出了以下几何和代数语言的“对译表”（表 2.2.1）。

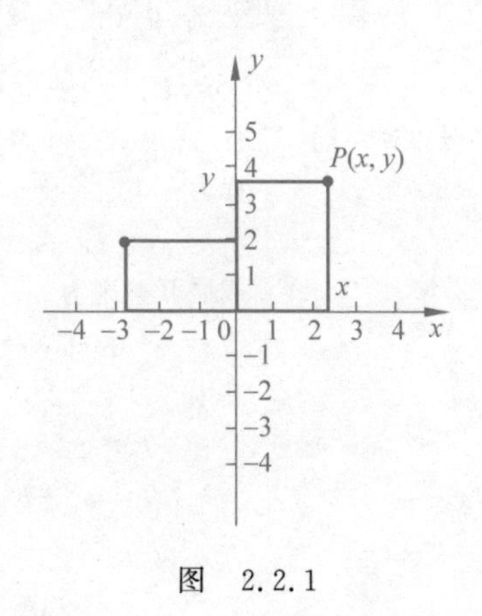

图　2.2.1

正是这张对译表，在几何与代数之间架起了一座桥梁。人们可以把几何问题先“翻译”成代数问题，然后利用代数的运算和技巧加以解决，最后再把代数的结果“翻译”成几何的答案。困惑人类达 2000 年之久的古代三大作图难题，正是采用了这样的方法，并运用了代数学的最新成果之后，才被最终证实为不可能！

笛卡儿的一生是勤奋、博学的典范。

1596 年，笛卡儿出生于法国一个富有的律师之家。早年受过极好的教育，后来参加军队并担任文职工作。1617 年，部队进驻荷兰的布勒达城。有一次，在招贴牌上他看到一个挑战性的数学问题。他成功地解决了这个问题。这件事唤起了笛卡儿对数学的浓厚兴趣，并从此与数学结下了不解之缘！

表 2.2.1　几何和代数语言“对译表”

几何语言	代数语言
1. 点 P	1. 坐标 $P(x,y)$。
2. 连接两点 P_1,P_2 的直线 l。	2. 过点 $P_1(x_1,y_1),P_2(x_2,y_2)$的直线方程为 $Ax+By+C=0$ 其中 $A=y_1-y_2$ $B=x_2-x_1$ $C=x_1y_2-x_2y_1$
3. 线段 P_1P_2 的长度为 r。	3. 令 $P_1(x_1,y_1),P_2(x_2,y_2)$,则 $\lvert P_1P_2\rvert=r=\sqrt{(x_2-x_1)^2+(y_2-y_1)^2}$
4. 以 P 为圆心,以 r 为半径可以作一圆。	4. 以 $P(a,b)$为圆心,以 r 为半径的圆方程为 $(x-a)^2+(y-b)^2=r^2$ 或展开整理为 $x^2+y^2+Dx+Ey+F=0$ 其中 $D=-2a$ $E=-2b$ $F=a^2+b^2-r^2$ …
…	

1619 年之后,笛卡儿开始致力于解析几何、哲学和物理学的研究,都取得了引人注目的成果。尤其是他对解析几何的开创性工作,使整个古典的几何领域处于代数学的支配之下,从而大大加速了变量数学的成熟。1637 年,笛卡儿的名著《方法论》出版。这本书记载了笛卡儿主要的学术成果,并使他名垂史册!

1649 年 10 月,笛卡儿应邀为瑞典女王讲授哲学。这位生性怪诞的年轻女王,非要笛卡儿每天清晨 5 点为她讲课不可。北欧的隆冬,寒风刺骨,酷冷难熬。女王的苛刻要求,超出了这位数学家身体的忍受程度。他不幸染上了肺炎,终于一病不起,1650 年 2 月 11 日,笛卡儿长眠于斯德哥尔摩。

3. 人类智慧的伟大胜利

科学总是重复着这样的规律：一些长期解决不了的问题，一旦出现了新的认识，便很快迎来了勃勃生机。解析几何的出现，为人类判断古代作图的三大难题，提供了新的认识和工具。在这方面最先实现突破的是年轻的德国数学家高斯(Gauss)。

高斯(1777—1855)

1795年，18岁的高斯以其非凡的智慧，找到了把圆周17等分的尺规作图方法。在此之前，人们普遍认为，对大于5的素数p，把圆周p等分是不可能的！高斯的成就，一夜之间推翻了人们几百年来构筑起来的思维城堡。在此基础上，高斯又进一步取得了一个震惊数学界的重大成果："如果一个奇素数p是形如$(2^{2^k}+1)$的费马数，那么我们就能够用尺规将一个圆周p等分，否则便不可能作出！"

高斯的这一定理告诉我们：人们完全能够用尺规把一个圆周5等分、17等分、257等分，甚至于65537等分；然而，却不可能用尺规把一个圆周7等分、11等分或13等分！

事实上，高斯本人已经找到了把圆周17等分的尺规作图方法。把圆周257等分的作图方法，是1832年由德国数学家F.J.勒克罗找到的。勒克罗用以记载这一方法的论文，厚达80页！而把圆周65537等分的尺规作图法，出自另一位德国数学家赫尔姆斯(Hermes)之手。赫尔姆斯提供的作图手稿，有整整一个提箱，现仍保存于德国的哥廷根大学。

在高斯定理中至关重要的费马数，有着一段波澜起伏的历史。

1640 年，著名的法国数学家费马(Fermat)对可表示成 2^n+1 的素数发生了兴趣。费马首先注意到，当 n 不是 2 的方幂时，所得的数一定是合数。这是不难理解的。事实上，如令 $n=2^k\cdot t$（t 为大于 1 的奇数），那么

$$2^n+1=2^{2^k\cdot t}+1=(2^{2^k})^t+1$$

可以分解出一个较小的因子($2^{2^k}+1$)。因而此时 2^n+1 必为合数。那么当 n 为 2 的方幂，即 $F_k=2^{2^k}+1$ 时，F_k 是素数还是合数呢？费马本人观察了前 5 个数：

$$F_0=2^{2^0}+1=3$$

$$F_1=2^{2^1}+1=5$$

$$F_2=2^{2^2}+1=17$$

$$F_3=2^{2^3}+1=257$$

$$F_4=2^{2^4}+1=65537$$

这些数都无一例外是素数。于是，费马相信自己已经找到了一个表示素数的公式。即对于任何的非负整数 k，形如 $2^{2^k}+1$ 的数 F_k 为素数。费马数 F_k 也因之得名。

差不多在 100 年的时间里，没有人能证明费马的上述论断，但也没有人能够推翻它。没料到，到了 1732 年，一位年仅 25 岁的瑞士数学家欧拉(Euler)，一句话便摧毁了费马垒砌的经验和信念的支柱。欧拉指出：

$$F_5=2^{2^5}+1=4294967297=641\times6700417$$

这一式子，意味着费马数未必都是素数。耐人寻味的是，迄今为止人们还没有找到除 F_0 至 F_4 以外的新的费马数是素数！

欧拉(1707—1783)

高斯的成就是人类智慧的一个伟大胜利！它使人们认识到尺规作图不可能性的客观存在，从而在思想方法上为几何作图三大难题的最终解决，扫清了前进的道路。

沿着高斯的思路人们发现：只有由已知线段经过有限次的加、减、乘、除和开平方运算所得到的线段，才可能用尺规作出。在此之前，利用解析几何的工具，人们已经确切地知道，凡是能够用尺规作图作出的线段和点，都可以表示为已知线段经有限次的加、减、乘、除和开平方运算的形式。

1837 年，德国数学家万特兹尔(Wantzel)证明了 $60°$ 角不可能用尺规作图的方法加以三等分，又证明了 $\sqrt[3]{2}$ 不可能由 1 经有限次加、减、乘、除和开平方运算得到。这意味着三分角问题和倍立方问题想通过尺规作图的方法解决是不可能的。

又过了近半个世纪，1882 年，德国数学家林德曼(Lindemann)证明了 π 为超越数。这意味着 $\sqrt{\pi}$ 更不可能由单位 1 经过有限次的四则运算和开平方运算求得。这就证明了圆化方问题也同样不可能用尺规作图的方法加以解决。

林德曼的工作，标志着对古代三大难题的 2000 年困惑、2000 年奋斗，终于落下了最后的帷幕！

4. 莫把青春付流水

以三等分任意角为代表的古代尺规作图三大难题，以科学方法证实为不可能，已经是100多年前的事了。然而在一个多世纪后的今天，依然有不少年轻人，盲目地重复着前人失败的老路，进行着徒劳无功的“探索”，这是令人惋惜的！

对历史无知和知识的贫乏，是上述问题的症结所在。用感知替代分析，用列举充当论证，是初学者的通病。就以三分角问题为例，当他们发现一个度数能被9整除的角，必定能用尺规作图三等分时，便为这种九分之一的机遇而欢欣鼓舞。他们希冀并相信同样的机遇，也会发生在剩余的九分之八部分，并因此混淆了“客观上不可能”与“人类智慧所未及”这两者之间的界限。倘若他们之间有人聪明地意识到：只要存在一个角不能用尺规三等分，那么三等分任意角的一般性方法就必然不存在，那么，他也许会冷静许多。这恰恰是高斯和万特兹尔等人表现出的高人一等的思维！

如果有人宣称自己在几何作图三大难题方面取得了“突破”，那么，无须审查即能断定：要么在推理上存在错误，要么在方法上与尺规作图的“公法”相悖。特别是后者，从柏拉图时代开始人们就发现：要是走出圆规直尺管辖的国度，古代几何三大难题的作图，都是轻而易举的事！下面便是一些精妙的例子：

图2.4.1是取自古希腊阿基米德书中的一道题图。问题是这样的：$\angle AOB$ 为已知角，以 O 为圆心 OA 为半径作一个半圆。在半圆直径 BC 的延长线上取一点 D，使 AD 交半圆于 E 点，且 $DE=OE$。那么，$\angle D=\frac{1}{3}\angle AOB$。

受阿基米德图形的启示，我们联想到：如果给定的直尺上有两个固定点 D、E，那么我们就能用它和圆规来三等分一个角。实际上，我们只要让

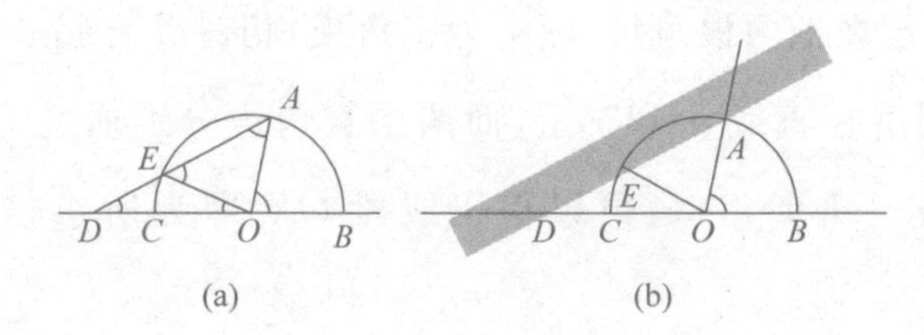

图 2.4.1

半圆的半径等于 DE 的长度就可以了。具体的做法如图 2.4.1(b)所示，一面保持直尺过 A 点，一面使 D、E 分别落在直径 BC 的延长线和半圆周上。那么$\angle D$ 就是所要求的三分角。

像上面那样有两个记号的直尺，在数学上称为单位直尺。因为我们可以把两个记号之间的长度理解为一个单位。我们通常使用的有刻度的三角板，也算是一把单位直尺。如果作图中允许使用单位直尺的话，那么三分角问题还有一些很精彩的作法。以下的例子，引自 3 世纪希腊数学家帕普斯(Pappus)的名著《数学汇编》：

如图 2.4.2 所示，在$\angle AOB$ 边 OA 上取一点 C，使 OC 长等于单位直尺上两记号 D、E 间距离的一半。作 $CM \perp OB$，$CN /\!/ OB$。现在，我们让直尺上的点 D 在 CM 线上移动；与此同时保持 E 点在 CN 线上移动。那么当 O、D、E 三点位于一直线上时，就得到$\angle EOB = \frac{1}{3}\angle AOB$。证明颇容易，就留给读者做练习。

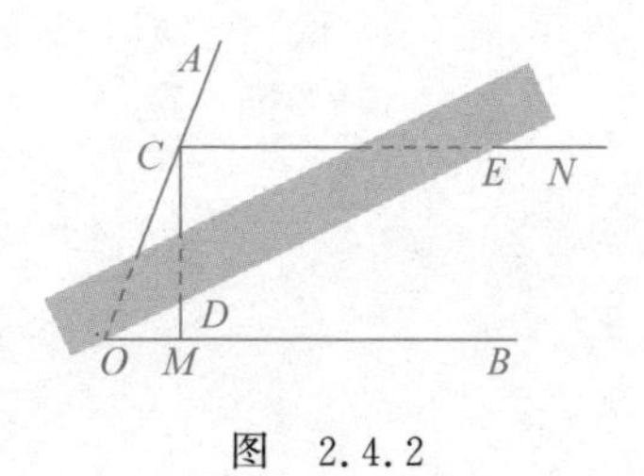

图 2.4.2

图 2.4.3 是柏拉图本人提出的解决倍立方问题的非尺规方法：作两条互相垂直的直线 a，b；从它们的交点 O 起，在 a 上截取 $OA=1$，又在 b 上

截取 $OB=2$；现在把两根角尺(图中为三角板)相对叠合起来，并使它们的直角顶点分别落在直线 a 和 b 上，而两条直角边分别通过 B 点和 A 点。读者利用直角三角形相似，可以得出线段 OX 即为所求倍立方体的棱长$\sqrt[3]{2}$。

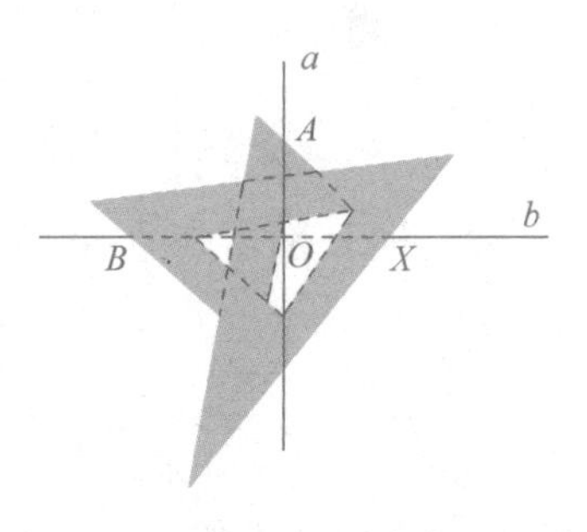

图　2.4.3

如果把作图公法中“经过有限步骤”的“有限”二字拿掉，那么即使只用圆规直尺，我们也能三等分一个角，作法如下：先作已知角$\angle AOB$ 的平分线 OC_1 及 $\angle AOC_1$ 的平分线 OD_1；再作 $\angle C_1OD_1$ 的平分线 OC_2 及 $\angle C_2OD_1$ 的平分线 OD_2；……如此反复，直至无穷。我们将得到一系列逆时针方向转动的射线 OC_1，OC_2，OC_3，…，以及一系列顺时针方向转动的射线 OD_1，OD_2，OD_3，…。它们最终都抵达于直线 OK(图 2.4.4)。可以证明，OK 就是$\angle AOB$ 的一条三等分线。

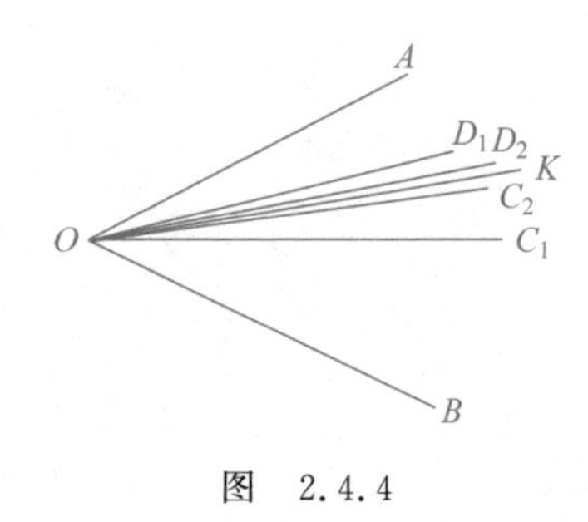

图　2.4.4

圆化方问题较为困难，即使不用尺规作图也不太容易。下面令人拍案叫绝的方法，是古代几何学家梁拉多达维奇提出的。先作一个底为已知圆，高为已知圆半径一半的直圆柱；然后用这个圆柱在平面上滚一周，那么所得的长方形，其面积就相当于圆柱的侧面积 πr^2；接下去把长方形变为等积的正方形，已经不是什么困难的事了！（图 2.4.5）

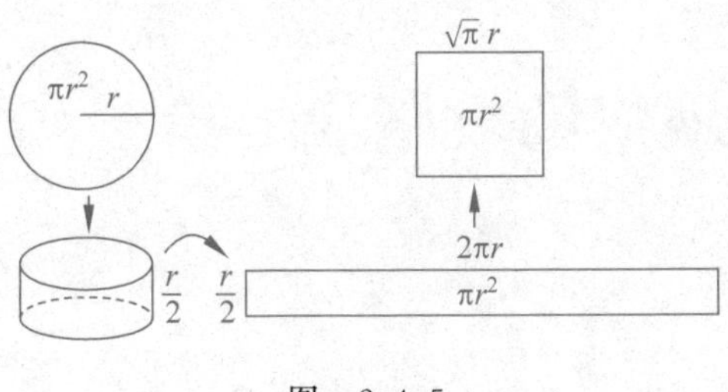

图　2.4.5

总之，上面所说的方法都是以摆脱尺规作图的“公法”为前提的。而保持“公法”的规定，恰恰是问题的困难所在！而在“公法”下的几何作图三大难题，已被科学证实为不可能。所以奉劝那些青少年朋友，不要再把自己的宝贵时间，花在那些注定要失败的“探讨”上。丢掉幻想，相信科学，莫把青春付流水！

三、代数学城堡的攻坚战

1. 艰难的起步

人们很难想象，今天如此金碧辉煌的代数学城堡，在16世纪以前，是何等的单调和萧条，直至100多年前，代数还只是方程理论的泛指。随着时间的推移，今天这门学科已经在抽象方面走得很远，地位远非昔比。

近代数学突飞猛进的发展，在很大程度上应当归功于各种极为简练符号的使用。然而，人类建立起一个完整的符号系统，却经过了相当漫长而艰辛的历程。“＋”与“－”符号的使用，起于1489年；“×”出现于17世纪初，“÷”还要更晚些。作为方程标志的近代等号“＝”，则首见于1557年雷科德(Recorde)的《智慧的磨刀石》。雷科德认为，取两条等长的平行线段作为等号，是一种无可非议的恰当选择！用字母表示数，是人类跨越具体与抽象之间鸿沟的一个伟大创造。它使更加深刻的代数理论成为可能。这一功绩，要首推16世纪法国数学大师韦达(Vieta)。

尽管整个符号系统的进展是如此的缓慢，但无论是古希腊还是古中国，人类的智慧依然建树着数学史上的一座座丰碑！

生于3世纪的古希腊的丢番图(Diophantus)，是西方公认的“代数学鼻祖”，人们对他生平的了解，仅限于以下散发着代数芳香的墓文：

“过路人！这里埋着丢番图的骨灰，下面的数目可以告诉你他活了多少岁。

“他生命的六分之一是幸福的童年。

“再活十二分之一，嘴上长出了细细的胡须。

“又过了生命的七分之一他才结婚。

“再过了五年他感到很幸福，得了一个儿子。

“可是这孩子光辉灿烂的生命只有他父亲的一半。

“儿子死后，老人在悲痛中活了四年。结束了尘世生涯。

“请问：丢番图活了多少岁？几岁结婚？几岁生孩子？”

然而丢番图时代所使用的记号是极为奇特的。当时人们用在字母顶上加一横来代表数，这个数相当于该字母在字母表中的排序。例如 α、β、γ，是希腊字母中的前三个，于是 $\bar{\alpha}$、$\bar{\beta}$、$\bar{\gamma}$ 则分别代表 1、2、3，如此等等。丢番图关于未知数和它们幂的记号，同样颇为复杂；“ζ”表示未知数，相当于我们今天常用的 x，简记为“$\zeta \to x$”，其余记号及对应于现今的写法列举如下：

$\Delta^r \to x^2$；

$k^r \to x^3$；

$\Delta^r\Delta \to x^4$；

$\Delta k^r \to x^5$；

$k^r k \to x^6$；

…

其中“Δ”和“k”分别是希腊文单词“幂”和“立方”的第一个字母。丢番图用“↑”作分隔号，把所有的正项和负项分开。“↑”前写正项，“↑”后写负项。M^0 表示常数项。一个项的系数则紧跟于该项之后。这样，今天一个简单的代数式：

$$x^6 - 5x^4 + x^2 - 3x - 2$$

在丢番图的书中，却是一行令人眼花缭乱的记号：

$$k^r k\bar{\alpha}\Delta^r\bar{\alpha} \uparrow \Delta^r\Delta\,\bar{\varepsilon}\zeta\bar{\gamma}M^0\bar{\beta}$$

这种记号明显的局限性，使得丢番图的成就在中世纪的欧洲没有能够得到有效的继承和发展。

中国的情况刚好相反。西方代数学衰落之际,恰恰是东方代数学鼎盛的时期。早在1世纪的《九章算术》中,就出现了求解二次方程的实际问题。4世纪的《孙子算经》对一次不定方程作了相当深刻的论述。5世纪祖冲之的《缀术》,详尽指明了求分数近似值的方法。13世纪的中国,代数学达到了相当高的水平。在1247年出版的《数书九章》中,秦九韶发展和完善了高次方程近似根的求法,这一成果比西方最早提出类似方法的意大利鲁非尼(Ruffini)和英国的霍纳(Horner)至少早500年!

中国代数学的发展,基于一种独有的记号系统。那时人们称未知数为"元",称常数为"太",而数的指数和方幂则是根据它们的位置来确定的。例如,图3.1.1所表示的方程为

$$x-2y+2z+3w-5=0$$

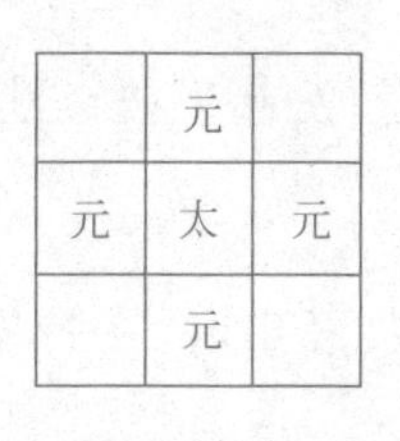

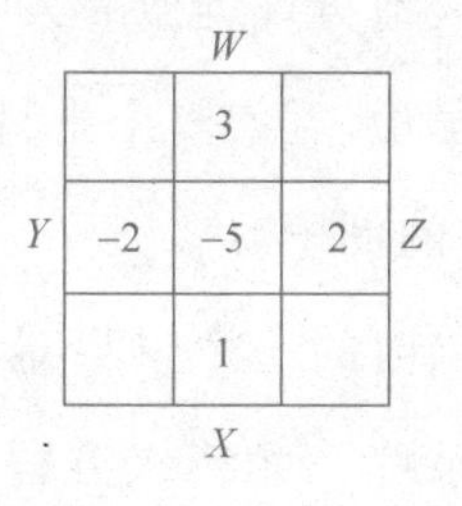

图 3.1.1

我国古代求解方程是在一种叫作"筹算盘"上进行的,这实际上是一种放大了的方格阵。配合作计算工具的称为"算筹",这是一根长约20厘米的细棍,竹制或骨制,分两色,其中一色代表负数。图3.1.2是陕西出土的西汉时代骨算筹的照片。据记载,用算筹计算时,计算者把它放入筹算盘中的特定格子,然后腾挪调动,进行各种计算。善算的人,甚至能够运筹如飞,使人目不暇接!我国南北朝时期的伟大数学家祖冲之,就是用这种方法算出了精确到小数点后7位的π的近似值。

图 3.1.2

不幸的是，长期以来我们的祖先过于注重在筹算盘上发展出来的那种位置记法，这使得我们无须使用现在普遍使用的大多数基本符号。这种稳固的图式体系，既给中世纪的代数带来了繁荣，也给进一步发展设置了障碍。致使我们这样一个把代数学钻研到如此之深的民族，16 世纪后的 300 年，令人惋惜地落伍了！

2. 跌宕起伏的科学

历史常常惊人地再现类似的人和事：对于一门处于低谷状态的学科，只缘一场小小的争论，竟使整个学科重新勃发起生机。欧洲数学的真正起步，就是一个典型的例子。

事情缘起于当时的一个世界难题。大家知道，在古中国和古巴比伦，人们已经掌握了某些一元二次方程的解法。但对于一元二次方程的公式解，数学界普遍认为是中亚数学家阿尔-花拉子米(al-Khowarizmi)在 825 年给出的。在花拉子米之后，人们很自然地把探索的眼光，转到了求三次方程的公式解。然而在此后 700 年漫长的岁月中，竟然没有人取得实质性的突破。在严峻的现实面前，大多数人望而却步了！怀疑这样的公式解不存在的思潮，一时占了上风！

正当人们的探求处于进退维谷之际，1505 年，意大利波伦亚大学的一名数学教授费洛(Ferlo)，宣称自己已经找到了形如 $x^3+px+q=0$ 的三次方程的一个特别情形的解法。但他当时没有公开发表这一成果，为的是希望在那时颇为流行的数学竞赛会上一放光彩！然而费洛始终没有等到一个得以显耀自己才华的机会就抱恨逝去。在临死前，他把自己的方法传授给了得意门生，威尼斯的佛罗雷都斯。

佛罗雷都斯自诩得名师单传，此生此世唯我独尊。不料，四年后突然半路杀出一个“程咬金”！此人就是意大利北部布里西亚的一个年轻人，N. 塔尔塔利亚(N. Tartaglio)。

塔尔塔利亚从小天资聪慧，勤奋好学，处处显露出超人的才华。尤其是他发表的论文，思路奇特，见地高远，表现出作者极深的造诣和深刻的思想，并因此闻名遐迩！

自学成才的塔尔塔利亚，在那种门户成见极深的年代，自然受到一些科班出身者的轻视。1530 年，布里西亚的一位数学教师向塔尔塔利亚提出了两个挑战性问题：

(1) 求一个数，其立方加上平方的 3 倍等于 5。

(2) 求三个数，其中第二个数比第一个数大 2，第三个数又比第二个数大 2，它们的积为 1000。

这实际上是两道求三次方程实根的问题。塔尔塔利亚求出了这两个方程的实根，赢得了这场挑战，并且名声大振！

消息传到威尼斯，费洛的学生佛罗雷都斯无论如何也难以信服眼前的事实，况且对方是一个名不见经传的小人物。于是双方几经协商，终于确定在 1535 年 2 月 22 日，在意大利的米兰，公开举行数学竞赛，双方各出 30 道题，在两小时内决定胜负。

赛期渐近，深知佛罗雷都斯所长的塔尔塔利亚，多少有点紧张。他苦苦思索着需要应付的求解三次方程的问题，脑海中不断进行着各种组合，这些新的组合终于撞击出灵感的火花。说来也巧，就在临赛前八天，塔尔塔利亚居然找到了一种求解三次方程的新方法。为此他欣喜若狂，并充分利用赛前的剩余时间，一边熟悉自己的结论，一边精心构造了 30 道只有用新方法才能解决的问题。

塔尔塔利亚(1499—1557)

1535年2月22日,米兰大教堂内人头攒动,热闹非凡!人们翘首以待的竞赛终于到来。比赛开始了,双方所出的30道题都是令人目眩的三次方程求解问题。但见塔尔塔利亚从容不迫,运笔如飞,在不到两小时内,解完了佛罗雷都斯的全部问题。与此同时,佛罗雷都斯提笔拈纸,望题兴叹,一筹莫展,终于以0∶30败下阵来!

话说当时在米兰有位叫卡尔达诺(Cardano)的医生,平时喜欢数学,也曾钻研过三次方程的问题,但无所获。当他听到塔尔塔利亚已经掌握最新的三次方程解法的消息,心中怦然而动,满心希望能分享这一成果。然而此时的塔尔塔利亚已经享誉欧洲,并不想立即发表自己的成果。1539年,在卡尔达诺的再三恳求下,塔尔塔利亚答应把自己的秘诀传授给他,条件是严守秘密。然而这一条件实际上并没有被遵守。1545年,卡尔达诺用自己的名字发表了《大法》,书中介绍了不完全三次方程的解法,并写道:

卡尔达诺(1501—1576)

“大约30年前，波伦亚的费洛就发现了这一法则，并传授给威尼斯的佛罗雷都斯，后者曾与塔尔塔利亚进行过数学竞赛。塔尔塔利亚也发现了这一方法。在我的恳求下塔尔塔利亚把方法告诉了我，但没有给出证明。借助于此，我找到了若干证法，因其十分困难，现将其叙述如下：……”

卡尔达诺指出：对不完全三次方程

$$x^3+px+q=0$$

公式

$$x=\sqrt[3]{-\frac{q}{2}+\sqrt{\frac{q^2}{4}+\frac{p^3}{27}}}+\sqrt[3]{-\frac{q}{2}-\sqrt{\frac{q^2}{4}+\frac{p^3}{27}}}$$

给出了它的一个解。

在《大法》发表第二年，塔尔塔利亚著文《种种疑问及发明》，谴责卡尔达诺背信弃义，并要求在米兰公开竞赛，与卡尔达诺一见高下。然而到了参赛那天，出场的并非卡尔达诺本人，而是他的天才学生费拉里（Ferrari）。此时的费拉里风华正茂，思维敏捷。他不仅对三次方程的解法要领了如指掌，而且还发现了四次方程的极为巧妙的解法。年近半百的塔尔塔利亚，自是力不从心，不堪一击，终于狼狈败北！

没想到，正是这场震动数学界的历史性争论，使欧洲的数学开始了突飞猛进的发展！

3. 攻坚的接力棒

从16世纪到18世纪，随着自然科学的迅猛发展，欧洲的数学界也是群星璀璨，英雄辈出，出现了笛卡儿、帕斯卡、牛顿、莱布尼茨、欧拉、高斯、拉普拉斯、拉格朗日等一大批杰出的数学家。他们的成果交相辉映，把数学推进到一个颇为广阔深刻的境地。坐标法的出现，复数的应用，微积分的创立，数论的发展，把客观世界的形与数、动与静、质与量的研究，有机地融合在一起。此刻欧洲的数学，已经一改中世纪滞后的状态，在人类文明的进程中,遥遥地走在前列!

然而,作为代数方程这一分支,却遭遇到意想不到的困难。人们原以为在三次方程和四次方程的公式解找到以后,只要不吝余勇,一鼓作气,五次方程的公式解便唾手可得。不料,50 年过去了,100 年过去了,在这方面竟然毫无进展!又一个 100 年过去了,对此依然毫无头绪!无数数学家为探求五次方程的公式解而绞尽脑汁,耗尽心血,终无所获!严峻的事实,促使人们开始冷静地思考。在反思中,数学家们发现,过去为寻找二次至四次方程的根式解,人们都采用了一些特殊的变换。那么,适合于五次方程的特殊变换在哪里呢?对 200 年呼唤的沉默,是意味着人类智慧所未及呢?还是这样的公式解根本不存在?!

时间在继续无情地流逝。1778 年,法国数学大师拉格朗日(Lagrange)终于另辟蹊径。他致力于寻找二次、三次、四次方程普遍适用的根式解。他想:如果这种方法找到了,那么推而广之,对于五次方程也该适用。拉格朗日几经努力,终于在偶然中找到了必然:一个已知方程式的根,可以由另一个辅助方程式的根的对称函数来表示。拉格朗日称这种辅助方程式为预解式。利用预解式,拉格朗日顺利地解决了三次、四次方程的求解问题,因为此时预解式的次数比原方程次数少一。但当他把这一方法用于五次方程式,却惊奇地发现所得的预解式竟是六次的!这位享誉欧洲的数学大师茫然了!那时曾有一念闪过他的脑海:“这样的公式解是不存在的!”但他无法加以证实。往日的荣誉和桂冠,更使得他不敢贸然探身“虎穴”!

人类的智慧面临着挑战,攻坚的接力棒传了下去,接手它的是挪威青年 N. H. 阿贝尔(N. H. Abel)。阿贝尔以非凡的气概和天才的构思,向五次方程发起了冲刺。他终于胜利到达了终点!1824 年,22 岁的阿贝尔成功地证明了五次以上一般方程不可能有根式解。他用自己闪光的青春,向人世间宣告了一条真理:人类的智慧是不可战胜的!

尽管阿贝尔成功的道路是坎坷的，但他闪光的业绩和对科学的执着追求，却是我们今天年轻一代的典范。

阿贝尔出身贫寒，小时多病。13岁时进入奥斯陆的一所教会学校学习，开始他对数学并不特别感兴趣。15岁时学校里发生了一个非常事件，一夜之间改变了阿贝尔的命运。原先教他的数学老师，由于虐待学生致死而被解雇，新来了一位叫洪保（Holmboe）的青年教师。此人不仅才识过人，而且极善于引导学生。在洪保的指导下，阿贝尔的数学天才开始被挖掘。

1821年，19岁的阿贝尔进入了奥斯陆大学。由于他刻苦钻研和顽强自学，数学的造诣更深了。数学大师高斯和拉格朗日等对于方程理论出神入化的描述，引发了阿贝尔探索五次方程根式解的浓厚兴趣。他从前人无数的失败中，慧眼独具地悟出了一条真理：四次以上的一般方程不可能有根式解！他敏感地意识到，拉格朗日提出的“根的排列”是问题的症结。于是，他“顺藤摸瓜”，终于取得了重大突破。他证明了：可用根式求解的方程，出现在解中的每一个根式，都可以表示为根和某些单位根的有理函数。基于此，1824年，阿贝尔最终证明了一般五次方程不可能有根式解。

阿贝尔（1802—1829）

困惑了人类200多年的悬案，居然被一个不起眼的年轻人解决了，这可能吗？整个社会投来怀疑的目光。多个杂志婉言拒绝刊登阿贝尔的论文。

1825 年，阿贝尔来到了欧洲大陆，依然四处受到冷遇。有幸的是，在赴柏林时，他结识了一位“伯乐”式的人物克雷尔(Crepe)。克雷尔虽然看不懂阿贝尔的论文，但却看出了阿贝尔非凡的才能。1826 年，在阿贝尔的建议下，克雷尔创办了《理论与数学》杂志。这一杂志的头几期，刊登了阿贝尔在数学各个领域的开拓性工作，终于使阿贝尔的天才成果，得以散发光芒！

1827 年 5 月，阿贝尔载誉回到了故乡。然而当时腐败的挪威王朝，并没有为自己的天才儿女提供职位和研究条件。长期的劳累和挫折，致使阿贝尔肺病复发，大量吐血。1829 年 4 月 6 日，这颗数学史上的灿烂新星，令人悲痛地陨落了！

三天后，阿贝尔的家人收到了一份寄自柏林的聘书，聘请阿贝尔担任柏林大学的教授。但是，这份聘书迟到了！

1830 年 6 月 28 日，法兰西科学院把它的最高奖授予阿贝尔，祈祷他在天国也能享知这一殊荣！

4. 不怕“虎”的“初生牛犊”

如果不是事实，的确很难想象，在代数学城堡的攻坚战中，解决最为困难问题的，竟会是两个“初生牛犊”！

1824 年，22 岁的阿贝尔，以无比的才华，打破了困惑人类近 300 年之久的僵局，成功地论证了一般五次方程不可根式求解。然而，一般的五次方程不能用根式求解，不等于说任何具体的五次方程都不能用根式求解。那么，能够用根式求解的五次方程，应当具备什么样的特殊条件呢？阿贝尔在他短暂生命的最后几年，曾经为此而苦苦思索过，但他还没有来得及得出结论，便不幸辞世。彻底解决这个问题的，是另一位绝代天才伽罗瓦(Galois)。

1828年,17岁的伽罗瓦,在阿贝尔成就的基础上,以“初生牛犊不怕虎”的姿态,一举攻克了18世纪代数学最为坚固的堡垒。他巧妙而简洁地证明了:存在不能用有限代数运算求解的具体方程式,同时还提出了一个代数方程可解的判定法则。伽罗瓦超时代的工作,为代数方程式论最后画上了一个完美的句号!

伽罗瓦的一生,与阿贝尔有着惊人的相似:同样地逆境成才,同样地研究五次方程,同样地受启蒙老师的巨大影响,同样地研究成果受冷遇,而且同样地过早陨落。

1811年,伽罗瓦出生于法国巴黎附近的一个小镇。谁也没有想到,由于歧视和偏见,这颗欧洲18世纪最为耀眼的数学新星,在少年时代,竟被斥为“没有智慧”的“不可雕的朽木”。他的启蒙老师范尼尔(Vernier)发现了伽罗瓦的数学才华。在范尼尔的指导下,伽罗瓦如饥似渴地自学了许多名家巨作。拉格朗日的代数方程论,使伽罗瓦如同步入宝山。22岁的阿贝尔成功的消息,使伽罗瓦的研究热情更加高涨!1827年,16岁的伽罗瓦选取了“解决哪些方程可以用根式求解,而哪些不能”作为自己的主攻方向。

伽罗瓦(1811—1832)

1828年,17岁的伽罗瓦有幸受教于一位才华横溢的数学教师理查德。在理查德的鼓励下,伽罗瓦智慧的火山终于爆发!一举获得了具有超时代意义的成果，彻底解决了代数方程有根式解的条件问题。伽罗瓦为此欣喜若狂，并立即将发现送往法兰西科学院审查。

1828 年 6 月 1 日，法兰西科学院举行例会，审查伽罗瓦的论文。主持这次审查的是法国数学泰斗柯西(Cauchy，1789—1857)。会议没开多久便宣告休会，原因是柯西打开公文包时，发现那位中学生的论文竟然不见了！

1830 年 1 月，伽罗瓦又把自己精心修改过的论文送交法兰西科学院。这次负责审查的是享誉欧洲的数学家傅里叶(Fourier)。遗憾的是，还没有等到举行例会，这位年事已高的数学家就不幸去世。人们既不知道傅里叶的审查意见，也未能在他的遗物中找到这篇论文。

两次的“下落不明”，并没有使伽罗瓦失去信心。1831 年，伽罗瓦向法兰西科学院第三次送交了自己的成果。这次负责审查的是著名数学家泊松(Poisson)。泊松花了 4 个月的时间，还是没能看懂论文的内容，最后叹息地写上“完全不可理解”几个字。就这样，一篇闪烁着人类智慧光辉的文章，被打入冷宫。

此时的伽罗瓦，正投身于法国资产阶级革命浪潮，两度被捕入狱，后来又中了反动派设下的圈套，在与一名反动军官的决斗中，令人惋惜地付出了生命，时年 21 岁。

1846 年，法国数学家刘维尔(Liouville)在整理各种遗稿时，惊讶地发现了这篇满布灰尘的论文。透过字里行间，他感觉到一种无与伦比的智慧光芒。于是便把它发表在自己创办的数学杂志上。这使得湮没了 18 年之久的人类智慧之花，终于得以开放！

伽罗瓦的成就，不仅使代数学城堡的攻坚战降下帷幕，而且开辟了一个崭新的数学领域“群论”，从而为近代数学的发展谱下了序曲。

5. 异军突起

1974 年 6 月，在美国召开了一次国际数学会议。会上美国普林斯顿大学的 H. 库恩(H. Kuhn)教授异军突起。他在会上宣读了一篇非常奇特的论文,引起了与会者的极大轰动。

原来,这是一篇研究解代数方程的论文。库恩教授以其非凡的技巧,似乎把与会者领进了一个充满生机的“植物王国”。但见他编织了一个立体大篱笆,这个大篱笆一层密似一层。在篱笆的最底层,库恩先生放进了一个特制的“花盆”,然后把要解方程的信息传给“花盆”。顿时,“花盆”的四周吐出几枝新芽,转眼间芽变成藤,飞快地攀上篱笆,先是弯弯曲曲,回回转转,过后便很快地往上长,穿过一层又一层,直到篱笆的最上面,一根藤恰好指着方程的一个根。方程的所有根就这样全部被找出来了!(图 3.5.1)

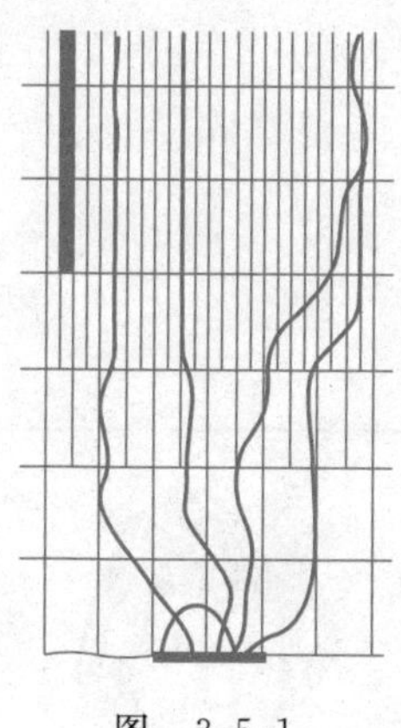

图 3.5.1

这是神话吗?不!这是科学,是 20 世纪的现实。不过,要弄清这一切神奇现象的由来,还得从 200 多年前的一个定理讲起。

1799 年,德国数学家高斯证明了代数学的一个基本定理,即 n 次代数方程必定有 n 个根。这以后,挪威数学家阿贝尔又证明了五次以上一般的代数方程没有根式解。这意味着:对于一般的高次方程,尽管根是存在的,但要用有限次的根式表示出来,却不可能。以上情形与作图“公法”限制下的三大几何难题颇为类似。然而,正如前文所述,对于几何作图,一旦走出了圆规直尺管辖的国度，那么冰山将会消融，道路将会畅通，疑难都将冰释！同样地，对于代数方程，如果不苛求“根式解”，那么现有的数学工具也一样游刃有余！所以从那以后，人们一直热衷于高次方程近似根的求法，虽说也有进展，但总体上似乎不尽如人意！

以上状态一直持续到20世纪初，终于有了转机。1912年，荷兰数学家布劳威尔(Brouwer)证明了著名的不动点原理：“任意一个把 n 维球变为自身的连续变换，至少有一个不动点。”尽管布劳威尔定理的叙述包含一些术语，其证明也颇为艰深，但读者从以下生动的例子，可以充分了解“不动点原理”的具体含义。

拿来同一个人同一版的大小两张照片，把小照片随手叠放在大照片之上，如图3.5.2所示。那么，小照片上一定有一点 O，它和下面大照片与之正对着的点 O'，实际上代表着同一个点。这一个点就是我们从大照片变换到小照片的不动点。喜欢几何的读者，甚至可以用简单的几何办法具体求出这个点来。

图 3.5.2

布劳威尔的不动点理论，给求方程近似根问题带来了契机。实际上，对于方程 $f(x)=0$ 的求根问题，可以转化为求函数 $\varphi(x)=f(x)+x$ 的不动点。因为，若存在一个 x^*，使得：$\varphi(x^*)=x^*$，即 $f(x^*)+x^*=x^*$。

那么必有 $f(x^*)=0$。这意味着 x^* 是已知方程的根。

不过,对不动点理论,数学家们也有些不满意。因为这个理论只说不动点存在,而没说不动点在哪里。后者恰恰是我们所要追求的主要目的!这一问题,到了 20 世纪 60 年代,终于迎来了生机。

1967 年,美国耶鲁大学的斯卡弗教授提出了一种用有限点列逼近不动点的算法,在不动点由未知转向已知方面,实现了重大突破。电子计算机的发展对于斯卡弗的不动点算法更是如虎添翼!

现在让我们回到库恩教授的"魔术植物"上来,看一看库恩是怎样给枯燥的数学赋予"生命"的。

原来,库恩根据的就是斯卡弗提出的不动点逼近法。他出色地完成了以下三项工作:一是建造一个如同图 3.5.3 那样,一层密度增加一倍的立体大篱笆;二是在最底层确定一些点作为"藤"的生长点;三是把要解方程的信息极其精妙地传递给整个篱笆的节点。

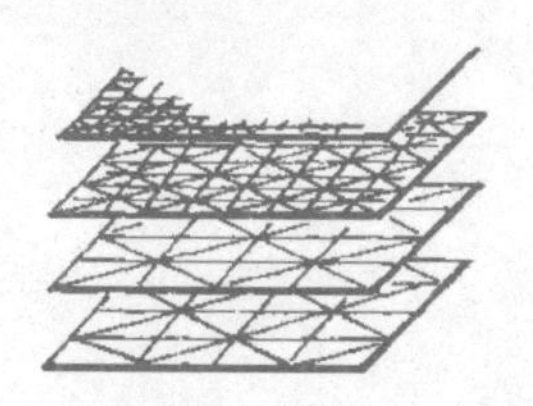

图 3.5.3

在做了以上三项工作之后,库恩确定了一种"藤"在立体篱笆中攀爬的法则。根据这一法则,底部的"芽"点长出的藤,在篱笆中先是左弯右拐,继而扶摇而上;最后,由于越往上篱笆越密,藤生长的空间越发狭窄,便几乎笔直地指向根点了!

图 3.5.4 是库恩一根魔术藤立体攀爬的情景,它是何等婀娜多姿!图中节点旁边的数字,是需要解的方程传递给该点的信息。目前,数学家们根据库恩教授的方法,编制了能在计算机上直观地演示攀藤求根的计算程序。在我国,这种会解代数方程的机器已于 1979 年研制成功!

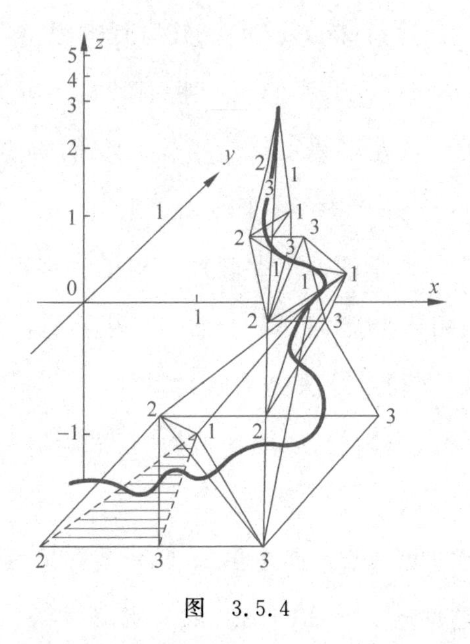

图 3.5.4

四、搬动几何学大厦基石的尝试

1. 几何学大厦的基石

今天，人们习惯于把希腊称为几何学的故乡，其实几何的发源地在古埃及。那一年一度周而复始的尼罗河泛滥，孕育了以测地为主的图形科学。

古埃及的几何知识，经过商人之手，传到了希腊，并在那里获得了极大发展，其含义远远超出了“测地”这一原始的意义。不过，“几何学”的希腊文原名“γημετρεω”，很容易使人想起这门学科起源于测量土地的需要。因为其中“γη”和“μετρεω”在希腊文中分别表示“地”和“测量”。

古希腊人对于几何的贡献是无与伦比的。在公元前 6 世纪到公元前 3 世纪，曾出现过几何学的辉煌时代。至今人们仍能道出其姓名，并指出他们在几何上的成就的，竟不下 20 人！

在古希腊人看来，学习几何是锻炼思维的最好方法。那时，上自王公，下至平民，无不以谈论几何为荣。连当时的托勒米王也来赶时髦，据说他曾询问欧几里得是否有学习几何的捷径。这位耿直的学者回答：“在几何学中，没有皇家的大道！”公元前 4 世纪著名的哲学家柏拉图，甚至在当时的阿开德米高等学院的大门上这样写道：“不懂几何者，不得入内！”足见几何这门学科在古希腊人心目中的位置。

以芝诺(Zenon)为首的诡辩学派和以柏拉图为首的形式逻辑学派，在希腊几何学的严谨化过程中起着巨大的作用。他们对数学定义进行整理，对推理法则深加研究，并坚持每个几何定律都必须辩论和验证，从而大大促进了几何学的抽象化和演绎化的体系的出现。

在此基础上，公元前 3 世纪，古希腊亚历山大大学教授欧几里得(Euclid)，集前人几何学之大成，写下了不朽名著《几何原本》。

《几何原本》从最原始的点、线、面定义开始，列出了诸如“两点决定一条直线”“两点间线段最短”等五条公理和五条公设。这些公理和公设，本身被认为是无须加以证明的真理。

欧几里得(公元前 330—前 275)

以此为基石，欧几里得通过逻辑推理，演绎出一系列的定理和推论。一些已证的定理，又成为证明其他定理的依据。就这样一块“砖”、一片“瓦”，终于垒砌起巍峨的几何学城堡。

尽管《几何原本》宏伟的结构、丰富的内容、精心的编排、严谨的推理，都堪称科学著作的典范。但作为基石的公理中却有一条冗长的第五公设：“若两直线和第三直线相交，且在同一侧所构成的两个同旁内角之和小于两直角，则把这两条直线向该侧延长后一定相交。”(图 4.1.1)这条公设在今天初中的几何课本中，已用以下的等价的公理来替代：“过已知直线外的一已知点，能且只能作一条直线使它与已知直线平行。”所以欧几里得的第五公设，有时也叫作“平行公理”。这一公理甚至还等价于更为简短的命题：“三角形内角和等于 180°。”对于该命题今天的中学生是很熟悉的。

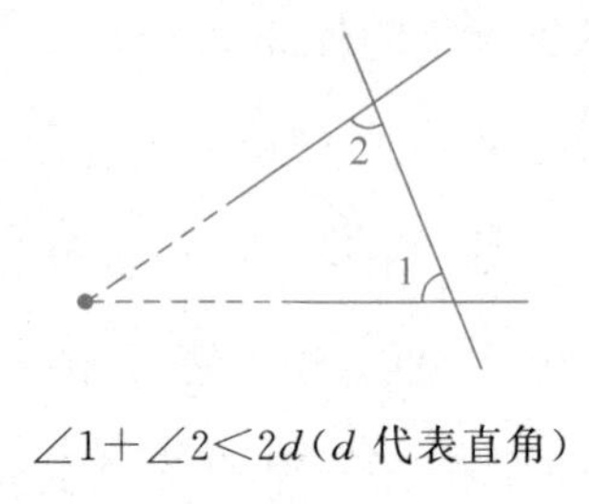

$\angle 1+\angle 2<2d$（d 代表直角）

图 4.1.1

读者已经看到：欧几里得的第五公设不仅繁杂，而且远不像其他公理、公设那么显然。似乎欧几里得本人也很勉强才引入第五公设的。在长达 13 卷的鸿篇巨作中，只有命题 29 直接用到了它，此后几乎不见踪影！因此长期以来，几何学大厦的这块基石，便成了人们怀疑的对象。

为了使几何学大厦的基座显得更加纯粹和不可动摇，在长达 2000 年的漫长岁月中，无数造诣良深的数学家为“推证”第五公设进行了不懈的努力，但没有人能够取得成功。在无数失败者中，最为精彩和扑朔迷离的，要数法国数学家勒让德（Legendre）的工作。他那似乎“天衣无缝”的证明，几乎使人相信，第五公设这一几何学基石已经被他“搬掉”！

勒让德精妙的“证明”，是几何学历史上的一个奇观。今简述如下，以飨读者。

首先，勒让德避开第五公设，成功地证明了以下 3 个定理（图 4.1.2 为勒让德证明定理 1 所用的题图）：

定理 1：任何三角形内角和不能大于 $2d$。

定理 2：若存在一个三角形内角和为 $2d$，则所有三角形内角和均为 $2d$。

定理 3：如果有一个三角形内角和小于 $2d$，则所有三角形内角和都小于 $2d$。

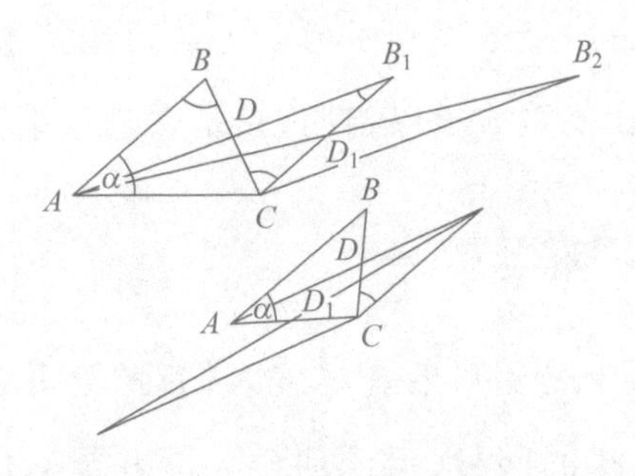

图 4.1.2

在证明了上述 3 个定理之后，勒让德又作了以下出人意料的推理。勒让德说，如果存在一个三角形 ABC 内角和为 $2d-\delta(\delta>0)$，则如图 4.1.3 作$\triangle ABC$ 关于轴 BC 的对称图形$\triangle A_1BC$；过 A_1 点作直线 $B_1A_1C_1$ 分别交 AB、AC 的延长线于 B_1、C_1 点；记$\triangle BB_1A_1$ 和$\triangle CA_1C_1$ 的内角和为 $2d-\varepsilon$ 和 $2d-\zeta(\varepsilon,\zeta>0)$。于是，4 个小三角形内角和相加，应等于$\triangle AB_1C_1$ 的内角和加上 3 个平角。即$\triangle AB_1C_1$ 的内角和为

$$2d-2\delta-(\varepsilon+\zeta)<2d-2\delta$$

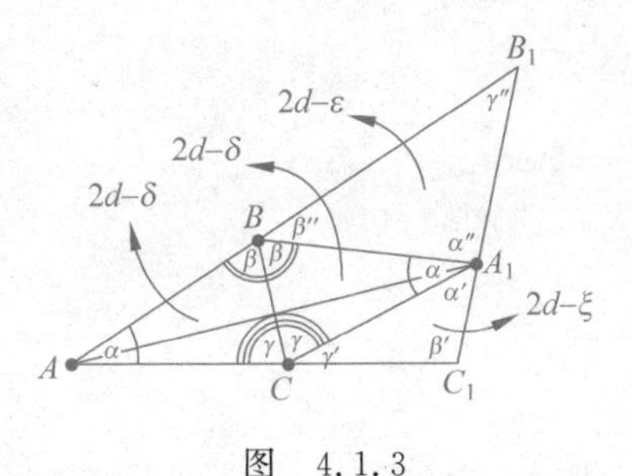

图 4.1.3

这样，我们从“存在一个内角等于 $2d-\delta$ 的三角形”，推出了“存在一个内角和小于 $2d-2\delta$ 的三角形”；同理又能推出“存在一个内角和小于 $2d-4\delta$ 的三角形”；等等。直至推出“存在一个内角和小于 $2d-2^n\delta$ 的三角形”。

当 n 取很大时，$2d$ 将小于 $2^n\delta$，这是不可能的！它表明三角形内角和只能是 $2d$。从而“不用”第五公设证得了与第五公设等价的命题！

然而勒让德并没有搬掉几何学大厦的这块基石！他那构思绝妙的证

明中，有一个地方非常隐蔽地用到了另一种等价于第五公设的说法。这一失误，最后还是由勒让德本人予以指明，只是它瞒过了许许多多人的眼睛！

2. 非欧几何的诞生

数学的严格性历来是相对的。尽管人们对“第五公设”作为公设的必要性，整整打了2000年的问号，但几何学大厦并没有因之倾倒，人们也没有因此而放弃对真理的执着追求！

多少世纪以来，无数造诣良深的数学家，为尝试克服“第五公设”而进行了艰苦的工作，花费了大量的时间和精力。有时，他们也像勒让德那样，似乎成功在望，但终因发现了逻辑上的错处而前功尽弃。勒让德的失误在于，他论证的最后部分，不可避免地要用到这样一个命题：即过$\angle BAC$的内部一点A_1，引一直线$B_1A_1C_1$分别与角两边AB、AC交于B_1、C_1点（图4.2.1）。然而，恰恰是这个命题，无法逾越“第五公设”而予以证明！勒让德甚至指出：可以把上述命题替换第五公设，作为欧几里得几何学的基石。

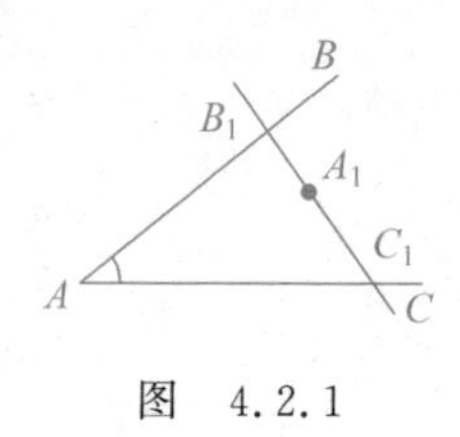

图 4.2.1

尝试搬动几何学大厦基石的最后一幕，是富有戏剧性的。

1823年，高斯的挚友，匈牙利数学家F.波尔约，由于终生研究“第五公设”毫无所获而感慨万千。当他获知自己那酷爱数学的儿子J.波尔约(J. Bolyai)也在这方面努力时，便写信告诫他不要重蹈自己的旧辙，“投身于那吞噬智慧、精力和心血的无底洞”。然而小波尔约并没有因父亲的警告而退缩。他从前人无数的失败中，领悟到第五公设的不可证明性。“既然”不可证明，那么可否大胆设想，用另一种全然不同的“公设”去替代它呢？在这一思想的指导下，小波尔约匠心独运，毅然决然地把与第五公设等价的命题“三角形内角和等于 180°”，换成“三角形内角和小于 180°”，并以此为基石，建立起一套完整、和谐、精妙无比的新几何学体系。

J. 波尔约(1802—1860)

1831 年，小波尔约在他父亲的一本著作后面，以附录的方式，发表了题为《绝对空间的科学》的富有创见性的新几何学。为征求各方面的意见，老波尔约写信求教于老朋友高斯。高斯复信称赞小波尔约“有极高的天分”，但又说“称赞他等于称赞我自己”，因为自己十几年来的思考与小波尔约的结果不谋而合，自己之所以不想发表研究成果是因为担心引起“愚人的叫喊”，“现在有老朋友的儿子把它写下来，免得与我一同湮没，那是使我最高兴不过的了”。

高斯的这封复信，引起正踌躇满志的小波尔约的极大误解。这位锋芒初露的数坛新星，怀疑高斯运用自己的崇高威望，剽窃他新几何学体系的发明权，并为此痛心疾首，发誓摒弃一切数学研究，在孤独与苦闷中度过了后半生。

小波尔约的结局自然是令人惋惜的。但高斯信中所言，似乎也事出有因。后来人们查实，早在 1824 年，高斯就曾在给他的朋友托里努斯的信中这样写过：“三角形内角和小于 180°，可以引导到特殊的、与我们完全不同的几何。”

就在欧洲大陆上述“公案”发生之前不久，在俄国的喀山升起了一颗璀璨的新星，他就是俄罗斯天才数学家尼古拉斯·伊万诺维奇·罗巴切夫斯基(Nikolas Ivanovich Lobarchevsky)。

罗巴切夫斯基(1792—1856)

1823年，罗巴切夫斯基以其天才的构思，写成了《虚几何学》一稿，稿中指出：如果用一个否定公理"过已知直线外一点，至少可以作两条直线与已知直线平行"去替代第五公设或平行公理，而保持欧氏几何的其他公理和公设，那么以此为基石，可以推出一连串定理，并形成一个在逻辑上无矛盾的，并与欧几里得几何同样严谨的几何学体系。这种只否定"第五公设"的新几何学，就是我们今天常说的罗巴切夫斯基几何或罗氏几何。

1826年2月11日，罗巴切夫斯基在《喀山通报》上发表了《关于几何原理概述》一文，进一步对新几何体系作了系统阐述。由于该论文发表的时间比J.波尔约附录发表的时间要早，所以1826年2月11日这一天，被世人公认为非欧几何的诞生日。

可以通过更加直观的方式使人了解罗氏几何。下面是法国数学家庞斯莱(Poncelet)所构造的精妙模型(图4.2.2)：

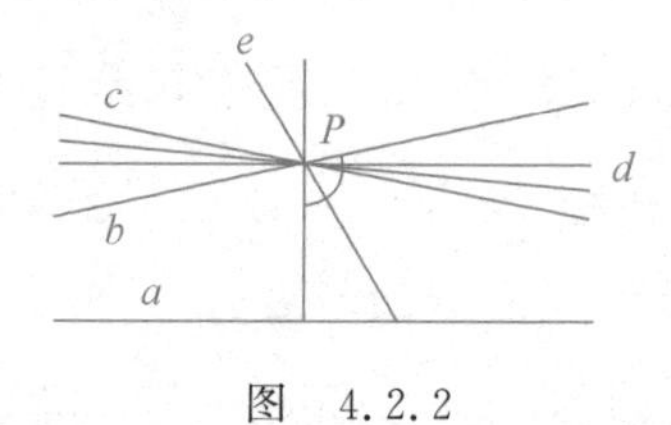

图 4.2.2

把圆心位于直线 l 上的上半圆周当成“直线”。很明显，过上半平面上的两个点，可以唯一确定一条“直线”。两个半圆周如果在上半平面“没有交点”，则它们所代表的“直线”“平行”。图 4.2.3(a)表明：过“直线”a 外一点 P，至少可以引两条“直线”b、c，与已知“直线”a“平行”。图 4.2.3(b)的阴影部分则表示由三点 A、B、C 所确定的“三角形”。喜欢几何的读者不难推证，这样“三角形”的内角和小于 180°。

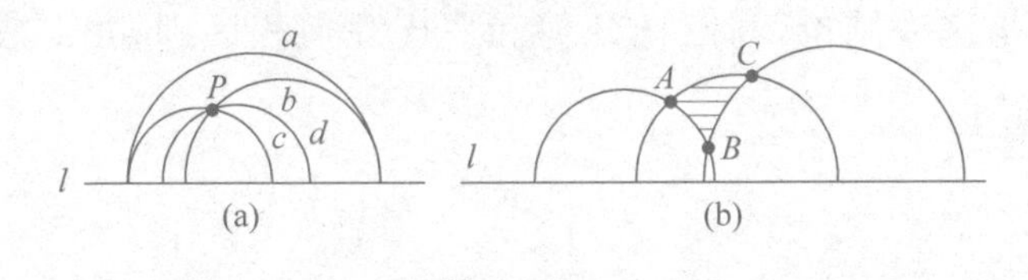

图 4.2.3

3. 几何学“孪生三姐妹”

罗氏几何的诞生，打破了欧氏几何一统空间的观念，促进了人类对几何学广阔领域的进一步探索。

1854 年，高斯的得意门生，才华横溢的德国数学家黎曼(Riemann)，将高斯研究曲面的方法加以推广，发表了《关于几何学基础假设》的演讲，提出了一种既不同于欧氏几何，也不同于罗氏几何的新几何学理论。在新几何学里，黎曼认为平行是不存在的！“在一个平面上过直线外一点的所有直线，都与这一直线相交。”用上述命题去替代欧氏几何中等价于第五公设的“平行公理”，并保留欧氏几何中其他公理，将建立起一个同样完美、瑰丽的几何体系。

黎曼所说的几何，可以用球面作为模型直观地表现出来。在那里，大圆的弧相当于“直线”，而一双对径点看成是同一个点。很显然，在这一模型中，任意两条“直线”必然相交，“平行”是不存在的！有兴趣的读者还可以从中证明黎曼几何最为引人注目的结论：“三角形内角和大于

黎曼(1826—1866)

180°”,而正是这一结论,与欧氏几何和罗氏几何相区别,并形成鲜明的对照。(图 4.3.1)

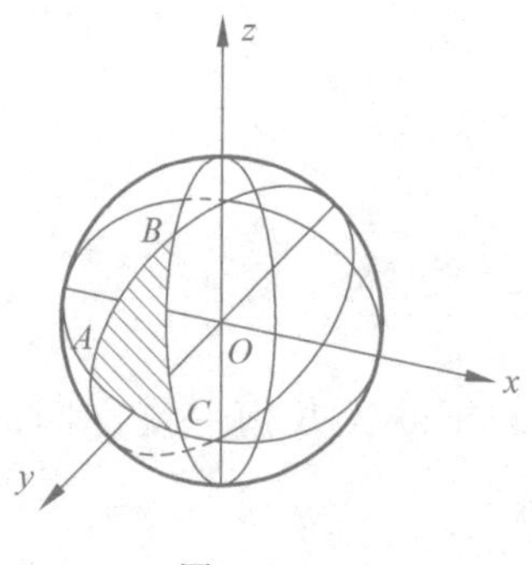

图 4.3.1

不过,无论是罗氏几何还是黎曼几何,其诞生都不是一帆风顺的!由于罗氏几何推出的一些结论与现实空间存在着明显的差异,并与当时人们的认识格格不入,所以从其诞生之日起,便遭到了各方面的非议,被攻击为“荒谬透顶的伪科学”。至于黎曼,尽管他在数学的其他领域有着极为卓越的成就,但他的几何理论,一样没能被同时代人所理解。据说,在黎曼宣读论文的时候,到场的除了年迈的高斯,再也没有人完全听得懂!

黎曼几何在 19 世纪下半叶有了极大的发展。1868 年,意大利数学家贝尔特拉米(Beltrami)把黎曼几何看成类似于球面上的几何,正像读者在前面见到过的那样,给出了一种非常实际的解析。两年后,德国数学家克莱因(Klein)借用了射影几何的概念,给出了另一种实际解析。他把欧氏几何称为“抛物几何”，因为它的直线有一个无穷远点；而罗氏几何称为“双曲几何”，因为它的直线有两个无穷远点；黎曼几何则称为“椭圆几何”，它的直线没有无穷远点。

克莱因(1849—1925)

经贝尔特拉米和克莱因的解析，非欧几何终于为人们所认识，从而结束了欧氏几何“一枝独秀”的局面，形成了几何学“三足鼎立”的态势。1899年，德国数学家希尔伯特(Hilbert)的《几何基础》出版。这本书中希尔伯特用近代的观点，建立起一种统一的公理体系。这一划时代的工作，标志着非欧几何坚实基座的最终建立。此后，以爱因斯坦相对论为代表的一系列最新科学成就，使物理学的直观和几何学的理论精妙地融合在一起。从而使罗氏几何、欧氏几何和黎曼几何这几何学王国的“孪生三姐妹”，显得更加瑰丽无比、耀眼生辉！

【附】

几何学“孪生三姐妹”比较表

特征项	黎曼几何	欧氏几何	罗氏几何
平行公理	在一个平面上过直线外一点的所有直线都与这一直线相交	在一个平面上过直线外一点有且只有一条直线与已知直线平行	在一个平面上过直线外一点至少可以作两条直线与已知直线平行

续表

特征项	黎曼几何	欧氏几何	罗氏几何
直线无穷远点的个数	0	1	2
空间曲率(k)	$k>0$	$k=0$	$k<0$
三角形内角和	$>180°$	$=180°$	$<180°$
又称	椭圆几何	抛物几何	双曲几何
直观形象	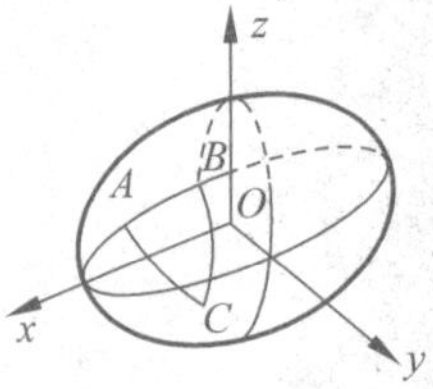 z, A, B, O, C, x, y	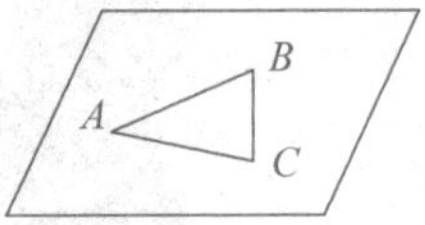 A, B, C	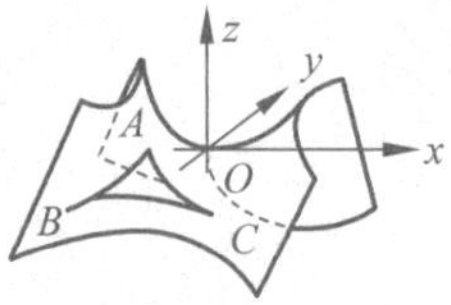 z, y, A, O, x, B, C

五、困惑人类的近代数学三大难题

1. 哥德巴赫提出的猜想

大约280年以前，担任过俄罗斯公使的德国数学家哥德巴赫发现了一个有趣的现象：任何大于5的整数，都可以表示为3个素数的和。对这一由尝试而积累的信念，他本人无法予以证实。

1742年6月7日，哥德巴赫将自己的想法求教于当时颇负盛名的彼得堡科学院院士欧拉。欧拉经过反复研究，发现解决问题的关键在于：证明任何大于2的偶数，都能表示为两个素数的和。欧拉细心核对了以下一张长长的表：

6＝3＋3，

8＝3＋5，

10＝3＋7＝5＋5，

12＝5＋7，

14＝3＋11＝7＋7，

16＝3＋13＝5＋11，

18＝5＋13＝7＋11，

20＝3＋17＝7＋13，

22＝3＋19＝5＋17＝11＋11，

24＝5＋19＝7＋17＝11＋13，

26＝3＋23＝7＋19＝13＋13，

28＝5＋23＝11＋17，

…

这张表的每一次延展，都使欧拉对自己结论的可信度进一步增加。最后他坚信这是一条真理。1742 年 6 月 30 日，欧拉复信哥德巴赫，信中指出：

“任何大于 2 的偶数都是两素数的和。虽然我还不能证明它，但我确信这个论断是完全正确的。”

这就是举世闻名的哥德巴赫猜想，或准确地称为“哥德巴赫-欧拉猜想”。

这个连大名鼎鼎的欧拉也无能为力的问题，很自然地成了当时人们追逐的焦点。整个 19 世纪最为优秀的数学家，几乎都研究过哥德巴赫猜想，然而几无进展。

1900 年，在巴黎召开了国际数学家大会，会上希尔伯特提出了 20 世纪人类需要攻克的 23 个数学难题，其中哥德巴赫猜想排名第八。

1912 年，著名数论大师兰道在饱经碰壁之后，感慨地说：“即使把问题放宽为证明：每一个大于 1 的整数，都可以表示为不多于 S 个素数之和。这对于现代的数学家来说，恐怕也是休想！”

不料过了 18 年，1930 年，25 岁的苏联数学家西涅日曼，用独创的“正密率法”证明了兰道所说的那个“休想”的命题！不过，他所算出的 S 值相当大。然而这毕竟是向哥德巴赫猜想进军道路上的第一个重大突破。此后，沿着西涅日曼的道路，包括兰道在内的许多数学家竞相突破，只用了 7 年时间，就把 S 的值缩小到 67。

1937 年，苏联著名数学家 И. 维诺格拉多夫用自己创造的“三角和法”，获得了震惊全球的结果，证明了：“充分大的奇数，可以表示为 3 个奇素数的和。”维诺格拉多夫的工作，相当于证明了西涅日曼常数 $S=4$。

1938 年，我国著名数学家华罗庚证明了“几乎所有偶数都可以表示为一个素数与另一个素数幂的和”，即所谓 $(1+1^k)$，这在当时是一个相当出色的成果！

华罗庚(1910—1985)

1920年,挪威数学家布朗曾另辟新径,用一种改进了的古老筛法,证明了一个大于2的偶数一定能够表示为不多于9个素数的乘积与另外不多于9个素数乘积的和,即所谓(9+9)。此后的40年,在这条道路上战果辉煌,突破一个接着一个:

1924年,德国的拉德马哈证明了(7+7);

1932年,英国的爱斯尔曼证明了(6+6);

1938年和1940年,苏联数学家布赫斯塔勃相继证明了(5+5)和(4+4);

1950年,苏联的维诺格拉多夫证明了(3+3);

1948年,匈牙利数学家瑞尼在又一条充满希望的跑道上,迈出了第一步,证明了任何一个大偶数都可以表示为一个素数与另外不多于k个素数乘积的和,即所谓($1+k$);

1956年,我国年轻的数学家王元证明了(3+4),翌年又证明了(2+3);

1962年,我国数学家潘承洞把匈牙利数学家瑞尼的结果,向前推进了一大步,证明了(1+5);第二年,他与王元联手更上一层楼,证明了(1+4);

陈景润(1933—1996)

1965年,意大利数学家朋比利和另两位苏联数学家同时证明了(1+3);

随着时间的推进,堡垒一个个地被攻破,包围圈在令人鼓舞地缩小着!1966年5月,我国青年数学家陈景润证明了(1+2)。这是自1742年哥德巴赫猜想问世以来,人类取得的最好成果。陈景润的成就，震惊中外，被誉为“推动了群山”。

另外，类似于欧拉开列的偶数(1+1)的表示表，已经验证到1.3亿个，没有出现反例。一次次成功的证实，都使人们对攻克欧拉和哥德巴赫猜想的信念，变得更加不可动摇！

陈景润1966年取得(1+2)的成果，离目的地只有一步之遥。然而，这是最为艰难的一步！从那时起，时间又流逝了半个多世纪，但至今依然没有人能够望得见尽头。至于谁能最终采撷到这颗“皇冠上的明珠”，希望不久的将来，能够传来捷报！

2. 悬奖10万金马克的问题

费马是17世纪欧洲颇负盛名的数学家，在数学的许多领域有着极深的造诣和辉煌的成就。只是由于其本人性格怪异，从不愿公开发表自己的著作，所以他的大多数研究成果，不是记录在与友人的通信之中，就是批注在阅读过的书籍之上。1665年，费马病逝，留下了大批书籍和遗稿。

费马(1601—1665)

1670年，费马的儿子在整理他父亲遗留下的书籍时，发现了一本古希腊数学家丢番图著作的译本。在这本书的页眉上，有一段费马于1637年用拉丁文写下的批注：

“将一个正整数的立方表示为两个正整数的立方和，将一个正整数的四次方幂表示为两个正整数的四次方幂的和；或者一般地，将一个正整数高于二次的幂表示为两个正整数同次幂的和；这是不可能的。对此，我确信已经找到了令人惊异的证明，但是书页的边幅太窄了，无法把它写下。”

费马的这段批语，写在《算术》第二卷第八命题的旁边。这是一个关于不定方程 $x^2+y^2=z^2$ 的整数解的命题。这一命题无论在古代的希腊还是中国，都曾取得过完美的解答。因而，对于费马的论断，我们可以类似地简述如下：

“当 $n\geqslant 3$ 时，不定方程

$$x^n+y^n=z^n$$

没有非零的整数解。”

费马批语的公开，引起了人们的极大兴趣。费马的儿子翻箱倒柜，希望能从他父亲的遗稿中找到那个“令人惊异”的证明，但终无所得。许多优秀的数学家也为重现费马的“证明”做了大量的艰苦的工作，均徒劳无获。在一连串的失败和挫折之后，人们倾向于认为：费马并没有充分论证过他的定理。

时间无情地过去了一个世纪，岁月的痕迹，终于使这个以费马命名的猜想，成为向人类智慧挑战的又一道世纪性难题。

第一个具有历史性的突破，出现于1779年。瑞士数学家欧拉，用无穷递降法巧妙地证明了当 $n=3$，$n=4$ 时费马猜想成立。但之后问题又沉寂了近半个世纪。1822年，法国数学家勒让德重新吹响了进军号，并证得了 $n=5$ 时费马猜想成立。过了若干年，他的同胞勒贝格又证得了 $n=7$ 时费马猜想也成立。

1831年，一位才华绝代的法国妇女索菲娅，靠独有的聪明才智，在假定x、y、z与n互素的前提下，证明了对小于100的奇素数，费马猜想是正确的。18年后，德国数学家库麦尔用一种精妙的方法，取消了索菲娅关于x、y、z的限制。至此，费马猜想正确性的指数上限，正式推进到100。200年漫漫的岁月，进展仅此而已！现实，使人们对这一问题刮目相看了！

1850年和1853年，法兰西科学院两度决定，悬赏3000金法郎，征求对费马猜想的一般性证明。消息传出群情振奋，重赏之下，果然取得了进展，指数上限从100推进到216。

1908年，德国数学家沃尔夫斯克逝世的时候，把10万金马克赠给了德国哥廷根科学院，作为对费马猜想完整解答的奖励，限期100年。

巨额的悬赏，掀起了一股汹涌澎湃的“证明”热潮！在很短的时间内，各种刊物公布的“证明”就超过了1000个。然而，它们都被证实是错误的！以至于哥廷根科学院决然宣布：从此不再审查稿件；所有的论文在公开发表两年后，依然为数学界所认可的，才考虑评奖。这才使得这股“证明”的狂潮稍稍有所收敛。

从那时起，历史的车轮又向前滚动了数十年。之后，在电子计算机的帮助下，数学家们将费马猜想中的指数上限一再刷新。1978年的纪录还只不过是12.5万，到1993年已经达到4100万。不过，这距我们所追求的目标依然十分遥远。

就在正面战场上的推进还望不见尽头的时候，侧面战场上却传来了震惊寰宇的消息。1983年，一位名不见经传的29岁德国数学家G.法尔廷斯(G. Faltings)，在费马猜想的证明上取得了实质性的突破。法尔廷斯成功地证明了数学家莫德尔在1922年提出的另一个猜想。这一猜想的证实，表明了不定方程$x^n+y^n=z^n$，至多只有有限个非零的整数解。法尔廷斯的贡献在于：300年来，人们第一次将费马猜想(后称费马大定理)的证明，转化为只须对有限组整数解的排除！法尔廷斯无与伦比的成果，使他登上了 1986 年度世界数学最高奖——菲尔兹奖的领奖台。

G. 法尔廷斯（1954— ）

经历了 300 年风风雨雨的费马猜想，到了法尔廷斯手中，终于有了飞跃性的突破。它预示着人类攻克这一世纪性难题的时刻，可能就要到来！

3. “四色猜想”的始末

“四色猜想”的由来，众说不一。有人认为它是由德国数学家默比乌斯提出的，但更多的人倾向于以下说法。

1852 年，毕业于伦敦大学的 F. 格里斯发现了一个有趣的现象：无论多么复杂的地图，只要用 4 种颜色，便能区分有公共边界的国家和地区。格里斯觉得这中间一定有什么奥妙，于是便写信向其胞兄佛德雷克询问。佛德雷克对数学造诣颇深，但绞尽脑汁依然不得要领，只好求教于自己的老师，著名的英国数学家摩根（Morgan）。摩根对此苦苦思索了几个昼夜，拿不准佛德雷克所提问题是对还是错，于是便写信给挚友，著名的数学家哈密尔顿（Hamilton）。哈密尔顿才华横溢，当时以发现“四元数”而享誉欧洲。

摩根在信中希望哈密尔顿，要么证明如果一张地图有公共边界的两部

哈密尔顿(1805—1865)

分涂以不同的颜色,那么只要 4 种颜色就够了;要么构造出一张需要 5 种颜色的地图来!

然而,智慧超群的哈密尔顿两者都没能做到。他耗费了 13 年的心血,始终一筹莫展,抱恨逝去。

哈密尔顿死后又过了 13 年,另一位英国数学家凯莱(Cayley)把上述问题刊于英国皇家地理学会的会刊上公开征解,并取名为"四色猜想"。从此,"四色猜想"不胫而走,成为人们研究的热题。

"四色猜想"以后的进展,颇为扑朔迷离!

在征解消息发出不到一年内,就有肯普(Kempe)和泰特(Tait)两人分别发表论文,宣布自己已经证明了四色定理。这使曾经出现的一时轰动很快平息下来。人们普遍认为"四色猜想"已经成为历史!不料过了 11 年,一个名叫赫伍德(Hedwood)的青年,指出了肯普证明中的错误,从而使这一沉寂了十年之久的问题,又重新激起人们的热情。与此同时,赫伍德匠心独运,利用肯普提供的方法,成功地证明了用 5 种颜色必能区分地图上相邻国家,从而在向"四色猜想"进军的道路上迈出了一大步!

至于泰特的论文,人们则陆陆续续发现了文中的许多错误,其中最后一个错误论断,迟至 1946 年,才为加拿大数学家托特举出反例所否定。

赫伍德的"五色定理"证明并不很难。所以开始有不少人小看了"四色猜想"。爱因斯坦的数学导师闵可夫斯基(Minkowski)教授就是其中最为典型的一个。他认为"四色猜想"之所以未被解决,是因为世界上第一流的数学家还没有空去研究它!

有一次,闵可夫斯基在课堂上偶然提到这个问题,随之即兴推演,似乎成竹在胸,但写了满满几个黑板后,命题仍未得证。接下去几个星期的课,闵可夫斯基又继续推演,结果如同身陷泥潭。教授终于精疲力竭了,他愧疚地承认,对于四色问题自己无能为力。此时恰逢雷电交加,他感慨地说:“上帝责备我的狂妄!”这以后,全世界的数学家都掂出了“四色猜想”的沉重分量。

人类智慧经受又一个世界难题的挑战,在正面战场失利之后,数学家们决定从侧面进军!

在一个侧翼,1922年,有人证明了当区域数小于25时“四色猜想”成立;1938年,区域数推进到32;1969年,区域数又推进到45。47个春秋,区域数仅仅推进了20!在另一个侧翼,1936年,希什(Heesch)提出,可以用肯普的思路,寻求“可约构形的不可避免组”的方法证明“四色猜想”。然而,经过分析人们发现,可约构形多如牛毛,需要做的逻辑判定多达200亿次,这远不是一个人的力量所能做到的!看来侧面也是一条布满荆棘的道路!

就在这时,科学的地平线出现了一缕曙光!电子计算机的发展,为“四色猜想”的证实播种了希望。进军的号角吹响了!科学家们通力合作,一方面改进方法,把需要判定的构形数尽可能减少,另一方面不断提高计算机运算的速度,终于使问题的解决初现眉目。

1976年9月,美国数学家K.阿佩尔(K. Appel)和W.哈肯(W. Haken),在伊利诺伊大学的三台每秒运算400万次的IBM计算机上,运转了1200小时,检验了全部的1478种构形的可约性,终于成功地完成了“四色猜想”的证明工作。

电波传来,寰宇震动!人机联手征服了世界性难题,这是亘古未有的奇迹!为纪念这一历史性的时刻,伊利诺斯大学邮局在宣布“四色猜想”得证的当天，加盖了以下邮戳：

“Four colors suffice!”（四色够了！）

4. 跨世纪的挑战

近代数学枝繁叶茂，各类难以解决的问题不可胜数。然而，真正称得上跨世纪的难题却也不多。前面讲的哥德巴赫猜想、费马大定理和四色猜想就是其中最具影响的三个，被誉为近代数学“三大难题”。

三大难题，历史悠久，其简单的表象，使得不少粗知数学的年轻人趋之若鹜！由于他们之中大多数人不了解这些问题的历史全过程，因而大大低估了它们的难度，企图用自己有限的初等数学知识加以解决，其结果自然只能是费尽心机、蹉跎岁月！

哥德巴赫猜想是我国青少年最为熟悉和关切的数学难题。因为在征服它的里程碑上，曾显赫地镌刻着炎黄子孙的名字！这个有着 280 年历史的“名剧”，目前已进入尾声，陈景润的(1+2)成果，离最终的奋斗目标还有最后艰难的一步。但这一步已跨出了半个多世纪，何时能够着地，目前尚难预料！

在近代数学三大难题中，费马大定理历史最为悠久。300 年来，无数的有志者在同一跑道上艰难地跨出了一步又一步。在 1983 年法尔廷斯取得实质性突破之后，1988 年春，日本东京大学的宫冈誉市教授宣称自己已经完全证得了费马大定理。不过，人们在评审论文时，发现他引用了一些未被证明过的命题，而这些命题证明的本身，似乎并不比费马大定理的证明更加容易。令人振奋的是，1993 年 6 月 23 日，在西半球的英伦三岛，传来了好消息，40 岁的英国数学家 A. 怀尔斯(A. Wiles)，用一种叫“模函数”的特殊工具，一举攻克了费马大定理的最后一个堡垒！据传，怀尔斯的论证长达数百页，但美妙无比，几个月来它已征服了几乎所有的评审者。数学界权威人士如今普遍倾向于认为：费马大定理已经成为历史！1996年怀尔斯在堵上了他自己发现的证明中的一个漏洞后，最终通过了国际数学界的权威审查。至此，这个困扰人类300多年的难题，终于迎来了一个完美的结局。

1997年6月，德国哥廷根大学宣布将为此而设置的10万金马克（约合200万美元）奖金，授予对此做出巨大贡献的数学英雄怀尔斯！

今天作为难题的费马大定理，虽然已经画上了句号，但300多年无数人的不懈努力，给数学积累下的宝贵财富，远比该问题本身多得多。

证明四色定理的征途也充满了波折。几度宣布已被证明，又几度被重新拉回到未被证明的领域！1852年，英国数学家摩根成功地证明了：不可能有5个国家处于这样的位置，其中每个国家都与其余的4个国家相邻。他以为根据这一结论就能断定任何地图只要4种颜色就够了。然而很快有人举出反例，说明摩根的推理在逻辑上无法站住脚！事实上，如果摩根推理可行的话，那么，像图5.4.1那样的没有3个以上区域彼此相邻的地图，只要用3种颜色就够了。然而读者不难推知，图5.4.1中A、B、C、D、E、F 6个区域，非用4种颜色涂色不可！

图 5.4.1

1880年，肯普和泰特也都声称自己证明了四色定理，但历史最终客观地宣告这些证明无效！一个世纪后，1976年，美国的阿佩尔、哈肯宣称自己在计算机的协助下，最终证明了四色定理。但著名的概率论专家杜勃，在上述论文刚刚发表时，就对哈肯说："你的证明在5个月内一定会被发现有错。"杜勃是依据自己的统计结果：随机地打开数学论文，在两页内一定能找到一个非印刷性的错误！杜勃的话不幸而言中，不久便传来消息，说是证明中存有错误，但又说并非主要的，最后结果如何，数学家们还在继续验证中。即使如此，人类的智慧依然呼唤着四色定理书面论证的诞生！

现今人类已进入了21世纪。近代数学的三大难题，有的基本解决，有的接近尾声。两个多世纪以来，围绕着三大难题的攻克，人类的才智在经受了无数的磨炼后显示出奇光异彩！正像德国数学大师希尔伯特所形容的那样，这些问题犹如"为我们生金蛋的母鸡"。在向哥德巴赫猜想进军的过程中，数学家们创造了筛法、圆密率法、三角和法等近代数论重要的方法；在研究费马大定理中，诞生了"理想数论"等新的数学分支；在探索四色定理中，又孕育出副产品默比乌斯带等。总之，人类为解决这些难题所得到的副产物，其意义远远超过了解决这些难题的本身！

希尔伯特(1862—1943)

三大难题尚未全部解决，有的仍是世纪的挑战。但知难而进、百折不挠的人类，并不会因之惋惜。因为人们知道，留住这只会"生金蛋的母鸡"或者对人类更加有益。希尔伯特那句意味深长的话："若我的能力能够解决这个问题，那么我将暂时不加解决！"似乎饱含哲理。

六、数学史上的三次危机

1. 跨越新数的鸿沟

历史表明,人类跨越新数的进程是漫长而艰辛的。

分数是继整数之后最早出现的新数。早在公元前2100年,古巴比伦人就曾采用过六十分制的分数。我国古代分数的出现,至少可以追溯到公元前8世纪。在秦始皇时代(公元前3世纪),分数的运用已相当普遍,那时就连一年的天数,也拟定为"三百六十五又四分之一天"。

古埃及人用于计算分数的方法,在我们今天看来是奇特而不可思议的。那时人们在数字上方加一个点表示单位分数,如$\dot{3}$表示$\frac{1}{3}$,$\dot{5}$表示$\frac{1}{5}$,等等。而其余分数一律拆成单位分数和的形式。如

$$\frac{2}{3}=(\dot{2}+\dot{6}),\quad \frac{2}{5}=(\dot{3}+\dot{1}\dot{5})$$

在进行分数运算时,则先拆而后合。如

$$\begin{aligned}\frac{2}{5}+\frac{4}{15}&=(\dot{3}+\dot{1}\dot{5})+(\dot{5}+\dot{1}\dot{5})\\&=(\dot{3}+\dot{5})+(\dot{1}\dot{5}+\dot{1}\dot{5})\\&=(\dot{2}+\dot{3}\dot{0})+(\dot{1}\dot{5}+\dot{1}\dot{5})\\&=(\dot{2}+\dot{1}\dot{0}+\dot{1}\dot{5})\\&=(\dot{2}+\dot{6})=\frac{2}{3}\end{aligned}$$

至于如何把一个普通的分数拆成单位分数,这既是一种技巧,也表现

了古埃及人的聪明和才智！

然而，今天小学生们所普遍掌握的分数四则运算，对于古代人却是意想不到的艰难。在欧洲，人们对于分数运算的畏惧心理，甚至延续到18世纪。1735年，英国还有一本算术的教科书上是这样写的："我们把通称分数的破碎数的运算法则单独叙述，这是因为部分学生看到这些分数，便灰心到就此停止学习，甚至嚷道：'不要往下讲了！'"足见当时分数在一般人心目中的艰难程度。

负数的概念最早见于公元1世纪成书的我国古代数学名著《九章算术》。263年，数学家刘徽对其作了极为明确的注释。在国外，首先提到负数的，是7世纪印度数学家婆罗摩笈多(Brahmagupta)。不过，那时人们虽说对相对意义的正负量有所了解，但多数人遇到负数，仍然"另眼相看"，把它摒弃于数的大家庭之外。

刘　徽(约225—约295)

在欧洲，负数的概念迟至12世纪末，才由意大利数学家斐波那契(Fibonacci)作出正确的解释。此后负数虽被采用，但依旧争议颇多。连16世纪法国大数学家韦达，对方程的负根也都弃去。直至18世纪，欧洲仍有一些学者把负数斥为"荒唐、无稽的"！他们振振有词地说：零是"什么也没有"，那么负数，即小于零的数是什么东西呢？难道会有什么东西比"什么也没有"还要小吗?!

无理数出现于公元前 5 世纪，它的出现酝酿了数学史上的第一次大危机。

事情要从毕达哥拉斯学派的信条讲起。公元前 6 世纪，古希腊数学家毕达哥拉斯(Pythagoras)发现了勾股定理，即在一个直角三角形中，两条直角边的平方和等于斜边的平方。但当时毕达哥拉斯领导的学派，信奉这样的哲理：任何两条线段的比，都可以表示为一个既约分数(几何上可公度)。

话说毕达哥拉斯的门生希帕斯，在研究勾股定理时发现：一个正方形的对角线和它一边的比，不可能表示为既约分数。

希帕斯的思路说来也简单。他采用了“反证法”，即先假定$\sqrt{2}$能表示为既约分数$\frac{p}{q}$，然后想法推出矛盾(图 6.1.1)。过程如下：

令$\sqrt{2}=\frac{p}{q}$(既约分数)。则 $p=\sqrt{2}q$，$p^2=2q^2$。显然，p 必须是偶数，否则左式绝不等于右式。现再令 $p=2p'$(p'为整数)代入得

$$(2p')^2=2q^2$$

从而

$$2p'^2=q^2$$

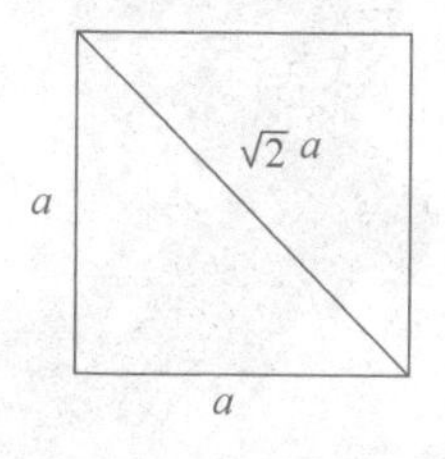

图 6.1.1

这意味着 q 也必须是偶数，否则右式也绝不等于左式！这样，p 与 q 便至少有一个公因子 2，这与$\frac{p}{q}$为既约分数的假设矛盾。从而证明了$\sqrt{2}$不可能表示为既约分数。

希帕斯的证明引起了毕达哥拉斯学派的恐慌。他们宁可拒绝真理,也不愿放弃错误的信条!他们容不得像希帕斯这样的“异端邪说”。可怜的希帕斯最终被毕达哥拉斯学派的忠实门徒抛进大海喂了鲨鱼!

人类认识无理数的过程,要比想象的更加漫长和曲折。很长一段时间,人们认为不可公度的比是不可理解的。15世纪著名画家达·芬奇称它为“无理的数”。1544年,德国数学家斯蒂费尔(Stifel)在《整数算术》中这样写道:“无理数并不是一个真正的数,而是隐存在无穷迷雾后面的东西。”一个世纪后,法国数学家帕斯卡和英国数学家巴罗都还认为:像$\sqrt{3}$这样的数只能作为几何上的量来理解,无理数仅仅是记号。就连大名鼎鼎的牛顿也持同样的观点!

由无理数引发的数学危机一直延续到19世纪。1872年,德国数学家戴德金(Dedekind),从连续性的要求出发,用有理数的“分割”来定义无理数,并把实数理论建立在严格科学的基础上,从而结束了无理数被认为“无理”的时代,也结束了持续2000多年的数学史上的第一次大危机。

戴德金(1831—1916)

从希帕斯起到戴德金实数理论完成止,人类为跨越无理数的鸿沟,经历了20多个世纪。这2000多年的漫漫岁月见证了人类接受一切新数的艰辛!

2. 由贝克莱引发的论战

时势造就英雄！17世纪欧洲资本主义的迅猛发展，为数学研究提供了极为广泛的课题。数学家们纷纷走出了古希腊人严格证明的圣殿，以直观推断的思维方式，大胆地谱写着新篇。其中最为辉煌的，便是微积分学的创立。微积分学的诞生，被誉为“人类精神的最高胜利”，它倾注了几代数学家的辛勤汗水！

1609年，德国天文数学家开普勒(Kepler)，创造性地应用无穷小量求和的方法，确定图形的面积和体积。1615年，开普勒发表了《测量酒桶体积的新方法》一文，文中求出了392种旋转体的体积。开普勒开创性的工作，对微积分的先驱卡瓦列里(Cavalieri)、沃利斯等人产生了直接的影响。

1635年，意大利数学家卡瓦列里提出了确定面积和体积的新的构想：即把一条曲线看成由无数个点构成的图形，就像项链是由珠子串成的一样；一个平面是由无数平行线构成的图形，就像布是由线织成的一样；一个立体是由无数平行平面构成的图形，就像书籍是由书页组成的一样。卡瓦列里新颖的构思，为微积分学提供了雏形。

1637年，微积分学迎来了发展史上的一个重要里程碑：笛卡儿创立了解析几何学。解析几何的出现，使运动进入了数学，并为微积分的研究提供了最为重要的工具！同年，费马创造了求切线斜率的新方法。费马把曲线 $y=f(x)$ 上一点(横坐标为 a)的切线斜率 k，看成是曲线上的点趋向于该点时两个坐标增量比的极限。写成式子就是

$$k=\lim_{\Delta x\to 0}\frac{f(a+\Delta x)-f(a)}{\Delta x}$$

这实际上就是以后牛顿“流数”的定义。

1655年，英国数学家沃利斯运用代数的形式、数学分析的方法及函数极限的理论，把卡瓦列里的构思巧妙地推向量化，从而实际上引入了定积

分的概念。下面让我们通过求抛物线所围图形的面积，一览沃利斯这一出色的工作。

设抛物线方程为 $y=cx^2$；曲边三角形 OAB 的顶点坐标分别是(0,0)、(a,o)、(a,ca^2)。

把 OA n 等分，过分点作垂直于 OA 的直线与曲线相交，构成如图 6.2.1 所示的 n 个窄长方形。很明显，当等分数 n 无限增大时，所有图中窄长方形的面积之和，趋向一个有限值，这就是曲边三角形 OAB 的面积 S。

读者不难算出，图中第 k 个窄长方形(图中涂黑者)的面积 S_k 为 $\left(\frac{ca^3}{n^3}\cdot K^2\right)$，所有窄长方形面积之和为

$$\sum_{k=1}^{n} S_k=\frac{ca^3}{6}\left(1+\frac{1}{n}\right)\left(2+\frac{1}{n}\right)$$

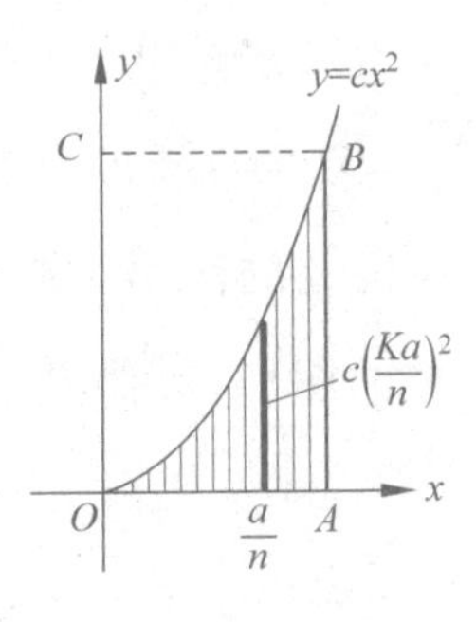

图 6.2.1

当 n 无限增大时便得

$$S=\lim_{n\to\infty}\left(\sum_{k=1}^{n} S_k\right)=\frac{ca^3}{3}$$

注意到矩形 $OABC$ 的面积为 ca^3，从而抛物线弧恰好三等分矩形 $OABC$ 的面积！

1665 年至 1676 年，伟大的英国科学家牛顿(Newton)，在前人研究成果的基础上，提出了求瞬时变化率(流数)的普遍方法，证明了面积可以由求变化率的逆过程求得。牛顿的成果标志着微积分学的正式诞生。

牛顿(1643—1727)

与此同时，在英吉利海峡的另一侧，也出现了一位微积分学的奠基者，他就是德国数学家莱布尼茨(Leibniz)。1684 年，莱布尼茨用更加代数化的方法，获得了与牛顿异曲同工的结果。

莱布尼茨(1646—1716)

1687 年，牛顿的划时代科学巨著《自然哲学的数学原理》发表。这部不朽的名著，把他所创造的方法与自然科学的研究紧密地结合在一起，从而使微积分学在实践的土壤中深深地扎下了根。

然而科学的进步，总是遭到神学的敌视。

1734 年，英国主教贝克莱写了《分析学者——致不信神的数学家》一书，书中恶毒攻击微积分。一些唯心主义者也纷纷出笼。他们趁微积分基础理论尚不稳固之际，极尽攻击谩骂之能事，把微积分推导过程中对无穷小量的忽略，说成是"飘忽不定的数量鬼魂""把人引入歧路的招摇撞骗"

等。在贝克莱一伙的鼓噪下，一些颇有成就的数学家也说了一些缺乏深思熟虑的话。这就造成了数学史上的“第二次大危机”。一场关于微积分奠基问题的大论战的序幕拉开了！

面对着严峻的挑战，一大批训练有素的数学家，为捍卫真理终于奋起反击了！英国的麦克劳林、泰勒，法国的达朗贝尔、拉格朗日等著名数学家，对微积分的基础理论建设做了大量卓有成效的工作。另外，微积分在实践和应用上的节节胜利表现出微积分强大的生命力。最后，连贝克莱本人也不得不叹息地承认：“微积分是一把万能的钥匙，借助于它，近代数学家打开了几何乃至大自然的秘密大门。”

今天，谁也不会对微积分抱有怀疑了！这一人类杰出的科学成果，在经历了严峻的挑战之后，越发显示出真理的光辉！

3. 修补数学基础的裂缝

下面是一则生动而富有哲理性的故事：

一位幼儿园老师问一位小朋友：“你知道你的脸在哪里吗？”那位小朋友用手指着自己的脸。不料老师却说：“那是鼻子！”旁边的小朋友纷纷围拢来，嚷道：“我知道！”然而老师却说他们有的指的是嘴巴，有的指的是眼睛，有的指的是下巴，偏是没有人指到“脸”！

原来，“脸”就是鼻子、眼睛、嘴巴、下巴……这些东西放在一起的总称。用数学语言来表达，“脸”是一个“集合”，而鼻子、眼睛、嘴巴、下巴等则是组成“脸”这一集合的“元素”。

集合可以用列举或描述两种办法给出。例如，自然数集合 $\mathbf{N}$ 可以写成：

$\mathbf{N}=\{0,1,2,3,4,\cdots\}$ 或 $\mathbf{N}=\{n \mid n$ 是自然数$\}$。而“脸”的集合则可以写成：

{鼻子,眼睛,下巴,……}或{头的前部}。

一个元素对于一个集合的关系,要么属于(∈),要么不属于(∉),例如:

鼻子∈{头的前部};手指∉{头的前部}。

没有元素的集合我们叫“空集”,记作“∅”,空集的元素个数为0。

有一类集合,它的元素比空集的元素多,但比别的类元素少。我们就说它的元素个数为1。1是最小的非空集合的元素个数。

把这一类除去,剩余最小的一类,它的元素个数就是2。如此这般,我们可以产生全体的自然数。有了自然数便可以产生整数、分数、实数甚至于复数,等等。

有了“数”,便可以比较,可以运算,可以求面积、体积、比例……并使“形”有了更加实在的含义!总之,有了数的“根系”,便可以长出数的“枝、叶、花、果”,就可以生长成数学的“参天大树”。所以集合论便很自然地成为近代数学的基础。不少科学工作者希望能在这块坚实牢靠的基础上,建立起一套严密的数学理论体系。

1902年,德国逻辑学家弗里兹完成了《算法基础》(第二卷)。这本书以集合论为基础构筑起一座理想的数学宫殿。弗里兹很为此而自鸣得意。万万没有想到,就在这本书即将付印的前夕,他收到英国著名哲学家和数学家罗素(Russell)的一封信。罗素在信中用一个例子说明:看上去结构严密的集合理论,却包含着矛盾!这个例子就是引发了数学史上第三次大危机的“罗素悖论”。

我们前面说过,集合可以用概括的法则加以描述。罗素就是利用了这个公理。他把所有的集合分为两类:如一集合不以自己为元素,则称为第一类集合,否则就是第二类集合。罗素的问题是:所有第一类集合所形成的集合,是第一类集,还是第二类集?

罗素(1872—1970)

罗素问题听起来似乎有点抽象,但通俗化后却是有趣的:

“一个村子里只有一位理发师,这位理发师只给本村不替自己理发的人理发。这是长年沿袭下来的,不可违背的村规。现在问,这位理发师的头由谁来理?”

不管怎样回答,都将出现矛盾!倘若理发师的头是“由别人理的”,那么按村规他的头必须由理发师来理。但村里的理发师只有一个,这就变成理发师自己理自己的头,这与原先假定的理发师的头是“由别人理的”自相矛盾。又如果理发师的头是“由自己理的”,那么按村规,由自己理发的人理发师是不该给他理的。然而他本人恰恰就是理发师,因而“他”的头,自然也就是理发师理的,又矛盾!

罗素这封信的发表,引起了当时数学界和哲学界的巨大震动。一时间疑云四起,争论纷纷。人们不仅怀疑集合论,甚至怀疑在这一基石上建筑起来的整座数学宫殿的牢靠性。悲观的论调一时占了上风。连那个原先扬扬得意的弗里兹,在收到罗素的信之后,也叹息地说:“最使一个科学家伤心的,是在他工作即将完成之际,却发现基础崩溃了!”

数学大厦的基础存在着裂缝,为了防止大厦的倾覆,大批颇有见地的数学家奋起修补!

1908年,德国数学家策梅洛(Zermelo)提出用限制集合定义的办法来消除罗素悖论。他主张只允许从一个集合里分出一个子集合。策梅洛还建立起一个公理系统,这一公理系统后来经以色列数学家弗兰克尔(Fraenkcl)和美国数学家柯亨等人的改进,形成了由9个公理所组成的公理体系。后来,德国数学家贝尔内斯(Bernays)和奥地利数学家哥德尔等人则提出了另一种公理体系。这些公理体系的建立,终于填补了数学基础存在着的裂缝,消除了罗素提出的悖论,使巍峨的数学宫殿变得坚如磐石,更加不可动摇!

4. 悖论和它的历史功绩

悖论的历史可以追溯到公元前6世纪。那时,好辩的古希腊人热衷于以下的"两难"问题。克利特岛上的E先生说:"克利特岛上的人是说谎的人。"试问,他说的这句话是真话还是谎话?

回答将是很困难的。假如我们认为E先生说的是真话,那么根据E先生本人是克利特岛上的人,可以推出他是位说谎者,从而得知他所说的那句话是谎话,这与假令矛盾;如果我们假定E先生说的那句话是谎话,那么根据这句话的反面意思,再加上E先生本人就是克利特岛上的人,可以推出他是一个说真话的人,从而他说的那句话自然是真话,这又和假令矛盾。

以上问题即著名的"说谎者悖论"。另一个著名的悖论出自公元前5世纪古希腊数学家芝诺。

大家知道,乌龟素以动作迟缓著称,阿基里斯则是古希腊传说中善跑的神。芝诺断言:阿基里斯与乌龟赛跑,将永远追不上乌龟!

芝诺的理由是:假定阿基里斯现在A处,乌龟现在T处。为了赶上乌龟,阿基里斯必须先跑到乌龟的出发点T;当他到达T点时,龟已前进到

T_1 点；当他到达 T_1 点时，乌龟又已前进到 T_2 点；如此等等(图 6.4.1)；当阿基里斯到达乌龟此前到达过的地方，乌龟又向前爬动了一段距离。因此阿基里斯是永远追不上乌龟的！

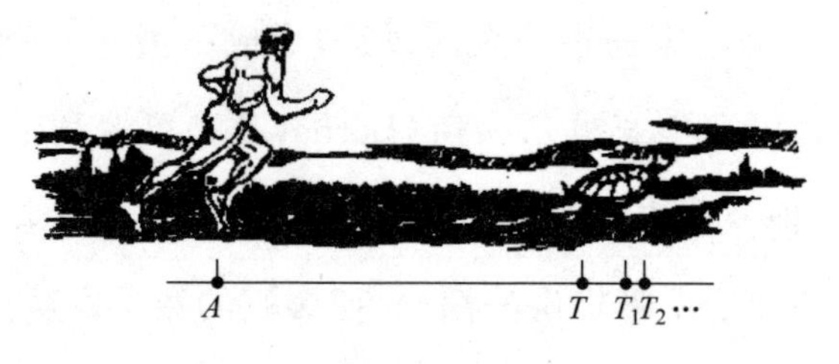

图 6.4.1

"说谎者悖论"和芝诺的"追龟悖论"是两类不同性质的悖论。前者是从一些貌似正确，看来可以接受的约定出发，经过简明的推理，得出自相矛盾的结论；后者则是由于在不同的历史阶段，人们受知识和直觉的局限而造成的。

芝诺的追龟论断显然与常理相悖。它的出现是由于当时的人类只有粗糙的无限概念。那时数学家们曾经错误地认为：无限多很小的量，其和必为无限大。芝诺正是巧妙地抓住了这个空子，把有限长的线段分成无限多个很小线段的和；把有限的时间可以完成的运动，分成无限多段很短的时间来完成，从而推出人们无法接受的结论。

芝诺的追龟问题，客观上向当时错误的"无限"观念提出了挑战，它使数学家们感到数学面临着潜在的危机。为了克服上述危机，数学家们开展了一场观念上的革命，即无限多个很小量的和，未必是无限大！"无限"地累加，也可能得出有限的结果！

由希帕斯的发现而引发的毕达哥拉斯悖论，是由于当时人们只有有理数的知识，所以 $\sqrt{2}$ 的出现，引起了人们的恐慌！后来经过数学家们2000多年的努力，终于建立了严谨的实数理论。这一悖论也就自然地消除了。

18 世纪初,英国主教贝克莱提出的“无穷小量 Δx 是 0 吗?”的悖论,引发了数学史上的第二次大危机。在经过一场大论战之后,微积分变得更加成熟了!

罗素悖论与“说谎者悖论”同属一类。既然在推理上无懈可击,那么问题自然出在那似乎可以接受的“约定”上。所以策梅洛、贝尔内斯等人就在“约定”上大做文章,几经努力,不仅消除了悖论,而且诞生了一门新的数学分支——公理化集合论。

概率论中的“贝特兰悖论”,是又一个有趣而典型的例子。1889 年,法国数学家贝特兰提出了这样的问题:在圆内任作一弦,其长度超过圆内接等边三角形边长 a 的概率是多少?

贝特兰用了几种不同的方法计算概率,竟得出了不同的结果!如图 6.4.2(a)所示,设 AB 为任意弦,H 为弦中点。显然,要使 AB 大于圆内接等边三角形的边长 a,大圆弦的中点 H,必须落在半径为大圆一半的小圆内,由于这样的小圆面积只有大圆面积的四分之一,因而所求的概率 $p=\frac{1}{4}$。又如图 6.4.2(b)所示,所有过 A 点大圆弦的中点,都落在 AO 为直径的小圆周上。而要使弦 AB 大于圆内接等边三角形的边长 a,大圆弦的中点 H,必然落在相当于三分之一小圆周的弧 $\overset{\frown}{MN}$ 内,从而所求的概率 $p=\frac{1}{3}$。用类似的方法,通过图 6.4.3 我们还可以求得 $p=\frac{1}{2}$。实际上贝特兰还证明了:只要精心地设置前提,可以使上述问题的概率等于任何预先给定的数 $p\left(\frac{1}{3}\leqslant p\leqslant\frac{1}{2}\right)$。

一个问题会有随心所欲的答案,这自然是不可思议的。为了堵塞诸如此类的漏洞,数学家们发动了一场对概率基础理论的“攻关”战。这一坚固的科学堡垒,终于在 1933 年为数学家们所攻克!

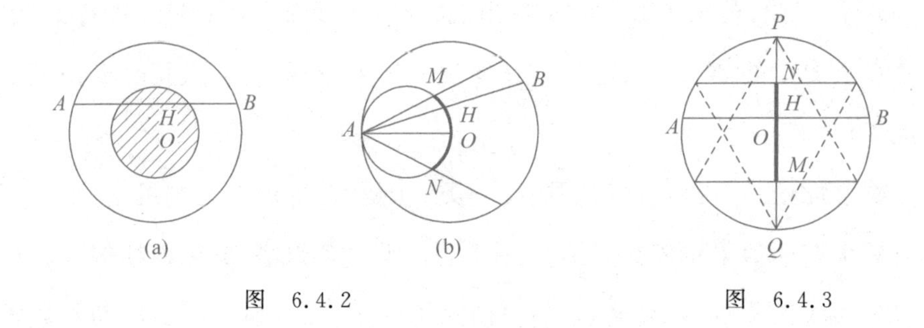

图 6.4.2

图 6.4.3

翻开人类的文明史,可以发现:科学的发展,从来没有一帆风顺的。对一门学科来说,悖论的出现并不总是坏事。因为它使人们感到,该学科的基础还有不够严谨的地方。从而既给学术界以“危机感”,又吹响了“攻坚”的冲锋号,并最终促进该学科变得更加成熟。从这一意义上讲,悖论有它一定的历史功绩。

七、数学的迷幻世界

1. 奇异的幻方世界

在数学的百花园中，有一方“海市蜃楼”般的奇异领地，这就是幻方。

幻方源于中国，其历史源远流长。相传在 3000 年前夏禹治水的时候，洛水里浮出一只大乌龟，背上刻有奇异的图案。这就是著名的“洛书”，把“洛书”上的小点换成阿拉伯数字，即可得到图 7.1.1 那样的数字表。

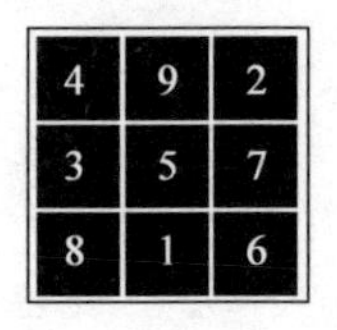

4	9	2
3	5	7
8	1	6

图 7.1.1

“洛书”有一个奇妙的性质，那就是横的 3 行、纵的 3 列以及两对角线上各自 3 个数字的和都等于 15。“洛书”传到印度，被认为是吉祥的象征。至今还有许多印度少女把“洛书”的图样佩在胸前作护身符。

由于洛书共有 9 个数，所以汉代时把它称作“九宫算”。九宫算在汉之后有了很大的发展，人们把“3×3”的方格扩展到 $n\times n$ 方格，并把满足以下条件的方阵图称为“纵横图”：将从 1 到 n^2 的自然数，填入一个 $n\times n$ 的正方形方格中，使得每行、每列、每条主对角线上的 n 个数的和都相等（图 7.1.2）。

幻方中各行或各列数字的和，我们称为“变幻常数”。$n\times n$ 的幻方，通称 n 阶幻方。标准 n 阶幻方（填入从 1 到 n^2 的自然数。我们通常所说的

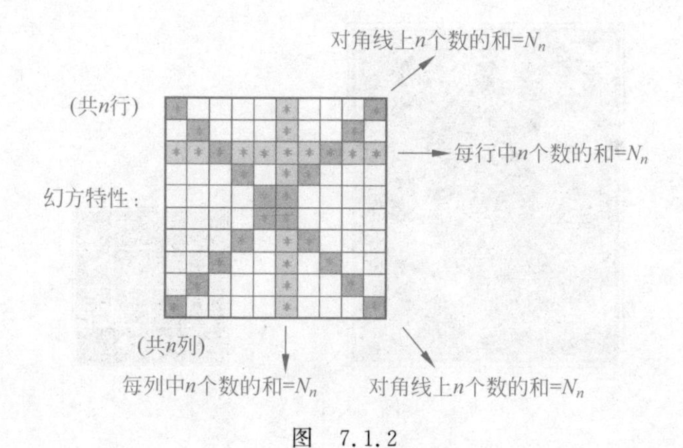

图 7.1.2

n 阶幻方,都指这种标准幻方)的"变幻常数",常记为 N_n。3 阶幻方的变幻常数 $N_3=15$,4 阶幻方的变幻常数 $N_4=34$,对于一般的 n,不难算出:

$$N_n=\frac{1}{2}n(n^2+1)$$

纵横图在宋代已被研究得相当深入。在 1275 年出版的《续古摘奇算法》(杨辉著)中,不仅列有大量的纵横图,而且还简要说明了其中一些的构造方法。

纵横图传到欧洲,那是较晚的事。15 世纪,住在君士坦丁堡的摩索普拉把我国的纵横图介绍到欧洲,并取名为"幻方"。由于欧洲对幻方的研究后来居上,且幻方有着变幻莫测的性质,所以幻方一词便逐渐为世人所采用。

现存欧洲最古老的幻方,是 1514 年德国画家丢勒在他著名的铜版画《忧郁》上刻的图(图 7.1.3)。有趣的是,丢勒在幻方中把创作的年份也塞了进去。

图 7.1.4 是印度太苏神庙石碑上的幻方,刻于 11 世纪。更为奇特的是,如把幻方边上的行或列,挪到另一边去,新得的仍是幻方。

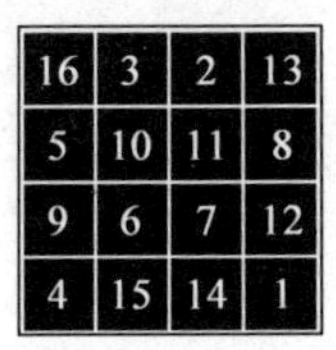

16	3	2	13
5	10	11	8
9	6	7	12
4	15	14	1

图 7.1.3

7	12	1	14
2	13	8	11
16	3	10	5
9	6	15	4

图 7.1.4

图 7.1.5(a)是 1956 年我国陕西出土的 6 阶印度-阿拉伯数码幻方。据考证，这一幻方是“西域人”扎马鲁丁所带的。推测过程大致如下：

成吉思汗的孙子蒙哥，派旭烈兀西征时，曾命他将当时著名的中亚科学家纳速拉丁带回中国，但旭烈兀进入波斯后并没有将纳送回，而是继续带他西征巴格达，并改派了精通历法的扎马鲁丁来中国。这一印度-阿拉伯数码幻方，估计为扎马鲁丁所带！

۲۸	۴	۳	۳۱	۳۵	۱۰
۳۶	۱۸	۲۱	۲۴	۱۱	۱
۷	۲۳	۱۲	۱۷	۲۲	۳۰
۸	۱۳	۲۶	۱۹	۱۶	۲۹
۵	۲۰	۱۵	۱۴	۲۵	۳۲
۲۷	۳۳	۳۴	۶	۲	۹

(a)

28	4	3	31	35	10
36	18	21	24	11	1
7	23	12	17	22	30
8	13	26	19	16	29
5	20	15	14	25	32
27	33	34	6	2	9

(b)

图 7.1.5

对于幻方，人们需要研究的问题大致有三：

（1）对哪些 n，n 阶幻方存在。

（2）对给定的 n，构造出的幻方有多少种。

（3）如果幻方存在，如何去构造它。

第一个问题，人们早已清楚：除 2 之外其余各阶幻方均存在。

第二个问题，3 阶幻方实质上只有一种；今天人们已经知道不同的 4 阶幻方有 880 种；而不同的 5 阶幻方有 275305224 种；至于阶数 $n \geqslant 6$ 的幻方种数，无疑都是天文数字，这里就不再赘述。

第三个问题，关于幻方的构造，目前人们已经找到了许多的构造方法，这些方法一般根据阶数 n 是奇数（$n=2m+1$），或单偶数（$n=2(2m+1)$），或双偶数（$n=4m$）而有所不同。考虑到随便介绍一种方法都要花费很大的篇幅，所以本书将以举例的方式，对若干小巧而精彩的构造法作粗略介绍（有兴趣的读者可自行参阅专门的著作）：

1）杨辉的 4 阶幻方对称法

1275 年，我国数学家杨辉，提出以下简单而巧妙的方法：在图 7.1.6(a) 的 4 阶自然方阵中，让两对角线上数字不动，其余的数字如图 7.1.6(b) 所示移到中心对称的位置上，我们将得到一个 4 阶幻方。

（自然方阵）
(a)

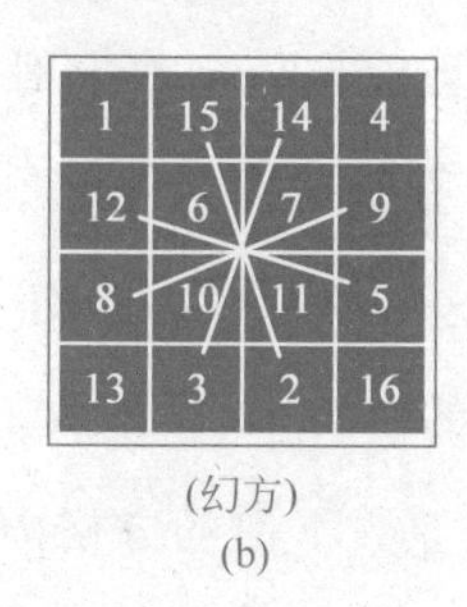

（幻方）
(b)

图 7.1.6

2）奇数阶幻方的金字塔法

金字塔法是构造奇数阶幻方的最简单的方法之一。

下面我们以制作一个 5 阶幻方为例，具体阐述这种构造法的步骤。所

有 $n \geqslant 3$ 的奇数阶幻方，都可以套用这一方法。

(1) 沿着对角线方向的框格依次写下数字 1 到 25；

(2) 重新安置在幻方边框外的所有数，将其从想象的方阵移到幻方框架中与之对应的位置上来(图 7.1.7 中深色区域的数字是重新安置的)。

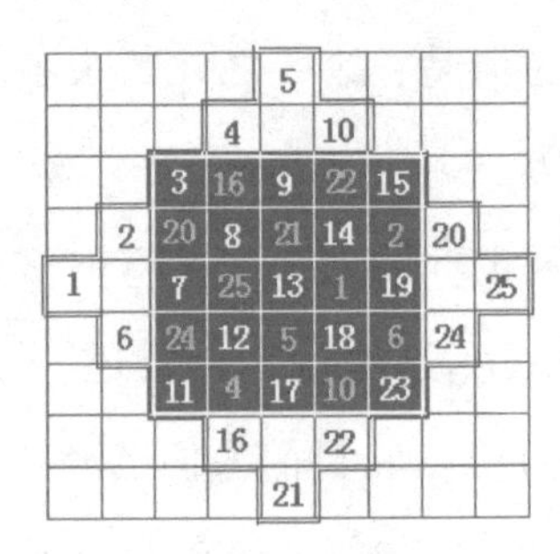

图 7.1.7

这样就得到了一个 5 阶幻方(图 7.1.7 中深色区域的 5×5 方阵)。

3) 奇数阶幻方的劳伯尔楼梯法

法国人劳伯尔(Loubere)发明的“楼梯法”，可适用于构造任何阶数的奇数阶幻方。

“楼梯法”要点如下：

(1) 从位于顶行中央的小方格的数字 1 开始。

(2) 下一个数放在位于右上对角的方格里，除非该格已被占据。如果下一个数落在幻方所在框架外想象的方格里，那就必须在你的幻方中找出安放它的位置，这个位置在你的幻方中与想象的方格处于对等的部位。

(3) 如果你的幻方中，原拟放下一个数的右上角方格已被占据，则可以直接将此数写在原数下面的方格内。

(4) 继续(2)和(3)的步骤，直到幻方剩下的数都各得其所。

图 7.1.8 展示用劳伯尔的“楼梯法”构造 3 阶幻方。

4) 弗雷尼克尔镶边加层法

镶边加层法可用于构造任意阶的幻方。其要点如下：

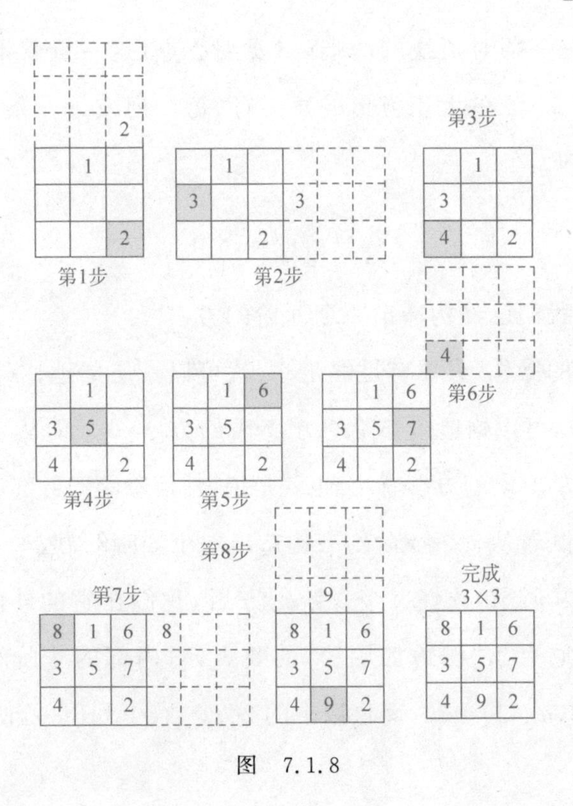

图 7.1.8

先构造一个$(n-2)$阶幻方。然后给它镶加一层边,使它成为$n\times n$的大正方形;给嵌在内部的$(n-2)$阶幻方的每个方格的数,加上$(2n-2)$。使之成为"变幻常数"

$$N_{n-2}+2(n-1)(n-2)$$

的新幻方(非标准)。显然,该幻方包含了从$(2n-1)$到(n^2-2n+2)的所有整数;由于镶加一层方格后的大正方形要构造成n阶幻方,所以,它方格内的数必须包含从1到n^2的所有整数。扣去嵌在内部的$(n-2)$阶新幻方中已出现的数,尚余的数为

$$1,2,3,\cdots,2(n-1)$$

$$n^2,n^2-1,n^2-2,\cdots,n^2-2n+3$$

现在将尚余的这些数,填入$4(n-1)$个镶加进的外层方格里。注意到每一对互补的数(和为n^2+1)要放在内部$(n-2)$阶新幻方正方形的每一

行、每一列或每一条对角线的两端(只要细心点,这一点就不难办到)。而这样就能保证 $n\times n$ 的大正方形的每一行、每一列或每一条对角线上数字的和,都等于 N_n:

$$N_n=\frac{1}{2}n(n^2+1)$$

这意味着我们已经构造出一个 n 阶幻方。

重复以上的操作,只要有足够耐心,就可以一层层地往外镶边加层,那么,从 3 阶幻方,可以构造出 5 阶幻方,7 阶幻方,……;而从 4 阶幻方,可以构造出 6 阶幻方,8 阶幻方,……。也就是说,任何阶的幻方都可以构造出来。

下面我们试着从一个 4 阶幻方构造出一个 6 阶幻方。

如图 7.1.9 所示,选好一个 4 阶幻方后,我们在它的外围镶加上一层边。根据弗雷尼克尔“镶边加层法”的要点,对内部的 4 阶幻方的每一个数,必须加上 $2(n-1)=10$,而将以下的 20 个数(下列甲、乙两组中,对应的数互补):

甲:1,2,3,…,10;

乙:36,35,34,…,27。

填入镶加层的方格内。

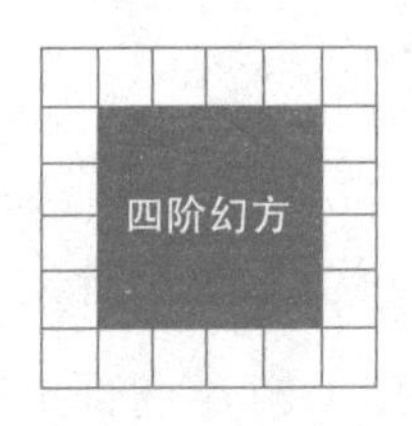

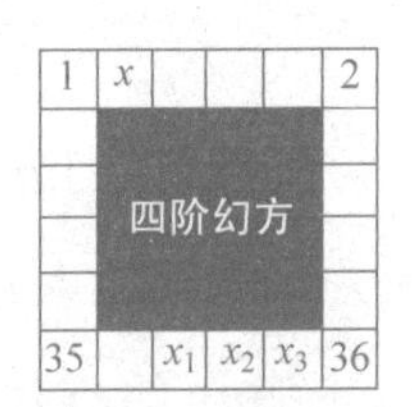

图 7.1.9

由于乙组 4 个数之和至少为 114,甲组 4 个数之和至多为 34,从而容易推知,外围添加层的行和列都只能由 3 个甲组的数配 3 个乙组的数构成。现在,我们选取 1,2 为两个角的数,令第一行的其余空格为

$$x,\quad 37-x_1,\quad 37-x_2,\quad 37-x_3$$

这里，规定 x, x_1, x_2, x_3 都是甲组数。由已知

$$3 + x + (37 - x_1) + (37 - x_2) + (37 - x_3) = 111$$

整理得 $3 + x = x_1 + x_2 + x_3$。由于该等式右端不小于 12，而左端不大于 13，从而可能有如图 7.1.10 所示的 $x=9$ 和 $x=10$ 两种情形。图中除 4 个角以外，同行或同列数字的排序可以任意：

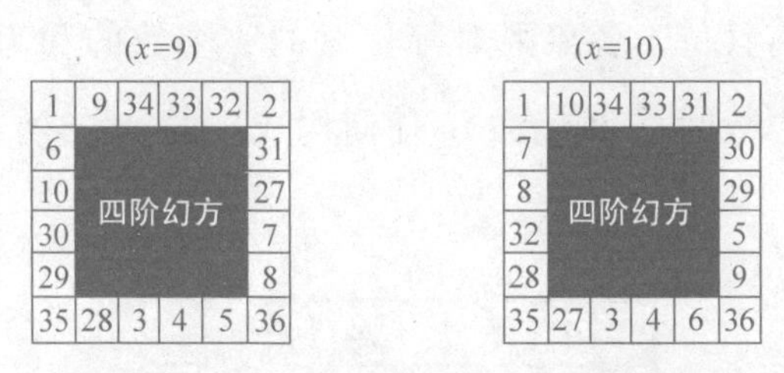

图 7.1.10

本节最后，我们还将对历史上另一些脍炙人口的著名幻方作一介绍，以飨读者。

1）攒九图

幻方冲破方阵限制至少可以追溯到 700 年前。在《续古摘奇算法》中，就出现有图 7.1.11 式样的幻方，称为“攒九图”。这是一个奇特的圆形幻方，由 1 到 33 的自然数，排成 4 个同心圆，中心置 9，并形成 4 条直径，各直径上的数字和均为 147，各圆周上的数字和都等于 138。

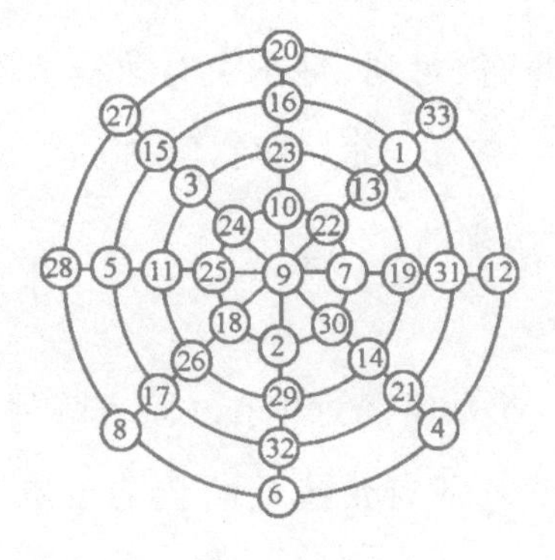

图 7.1.11

2）富兰克林的幻方

图 7.1.12 为数学家富兰克林所构造成的幻方，它除具有一般幻方的通常性质外，还另有许多奇异的特性。

例如，它的每一行总和为 260，而每半行的和为 130；向上的阴影线上的 4 个数与对称的向下的阴影线上的 4 个数(可接长)的总和为 260；任何 4 个与中心等距离且位于各象限对等位置的 4 个数的和为 130；各象限内 4 个角与 4 个中心数的总和为 260；任何构成小的 2×2 方块的 4 个数的和为 130；等等。

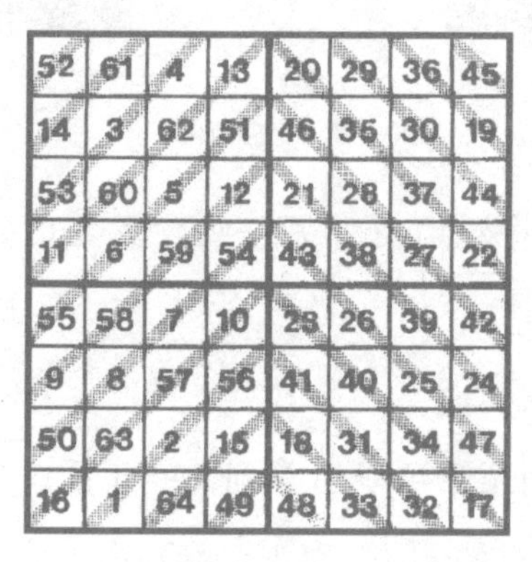

52	61	4	13	20	29	36	45
14	3	62	51	46	35	30	19
53	60	5	12	21	28	37	44
11	6	59	54	43	38	27	22
55	58	7	10	23	26	39	42
9	8	57	56	41	40	25	24
50	63	2	15	18	31	34	47
16	1	64	49	48	33	32	17

图　7.1.12

3）双料幻方

在幻方中最为奥妙、最为壮观的大约要数“双料幻方”(图 7.1.13)。这是一个 8 阶幻方，它的每行、每列、每条主对角线上的 8 个数，不仅和为定值 840，而且积也为定值，等于 2058068231856000。这可真是天工造物，真不知当初人们是怎么想出来的！

4）反幻方

把 1，2，3，…，9 这 9 个数字随意填在 3 阶方阵的 9 个方格内，一般情况下总会出现一些行、一些列或对角线上的数字和相等。那么，是否存在这样的方阵，它的任一行、任一列和主对角线上数字和都不相等呢？这类问题通称“反幻方问题”。

46	81	117	102	15	76	200	203
19	60	232	175	54	69	153	78
216	161	17	52	171	90	58	75
135	114	50	87	184	189	13	68
150	261	45	38	91	136	92	27
119	104	108	23	174	225	57	30
116	25	133	120	51	26	162	207
39	34	138	243	100	29	105	152

图 7.1.13

对于“反幻方”的研究，始于 20 世纪著名的美国幻方大师马丁·加德纳。有趣的是，马丁·加德纳找到的 3 阶“反幻方”中的 9 个数，竟然形成按序咬接的“一条龙”(图 7.1.14)。

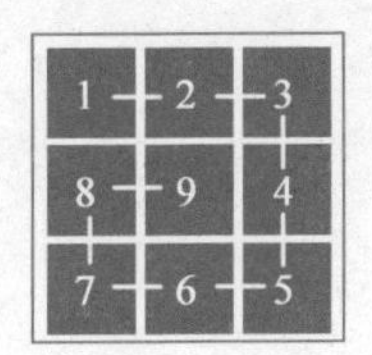

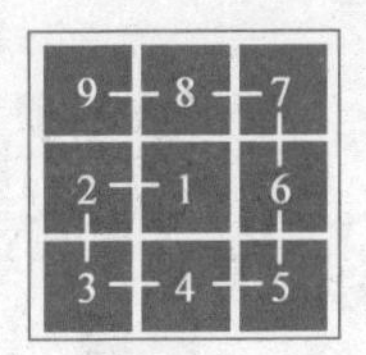

图 7.1.14

5) 幻立方

把幻方研究从平面推向空间似乎是很自然的事。

所谓 n 阶“幻立方”指的是：用 1 到 n^3 的自然数排成一个小立方阵，使立方体的每行、每列、每竖及 4 条对角线上各数的和都相等。对 n 阶幻立方而言，共有 $3n^2+4$ 个这样的和。

图 7.1.15 是希思给出的 4 阶幻立方，左起为从上到下的 4 层配置图：

有意思的是，把上述幻立方的各层，按图 7.1.15 中的位置，可以拼成一个 8×8 的大正方形。不仅这个大正方形本身是一个 8 阶幻方，而且在其任一行、任一列、任一对角线上的数字，每隔一个取一个，加起来都等于 130。

1	8	61	60	48	41	20	21	49	56	13	12	32	25	36	37
62	59	2	7	19	22	47	42	14	11	50	55	35	38	31	26
52	53	16	9	29	28	33	40	4	5	64	57	45	44	17	24
15	10	51	54	34	39	30	27	63	58	3	6	18	23	46	43

(n=4幻立方，左起第一层至第四层)

图 7.1.15

（6）六角幻方

翻开整部幻方的历史，最富戏剧性的莫过于六角幻方的创造。

1910年，一个名叫阿当斯的青年对六角幻方产生了浓厚兴趣。很自然，一层六角幻方是不存在的。因为若一层六角幻方(图 7.1.16)存在，则由 $x+y=y+z$，将得出 $x=z$，这是不允许的。

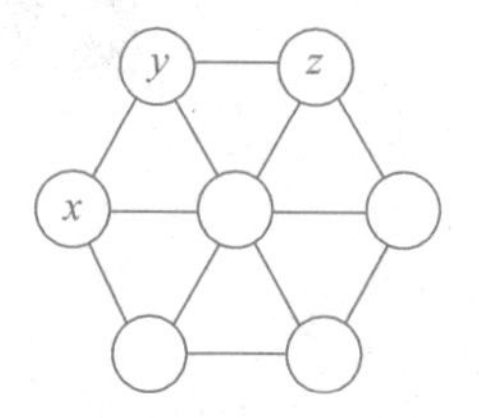

图 7.1.16

于是，阿当斯把自己的全部注意力都集中在由19个数组成的两层六角幻方上。当时，他在铁路局阅览室当职员，一有空闲就不停地摆弄1～19这19个数。一天又一天，一年又一年，整整47个春秋过去了，一次次的失败、挫折，使这个昔日英俊潇洒的青年变成了两鬓斑白的老人。但是，他对六角幻方的兴趣并没因失败而有丝毫减弱。在1957年的一天，患病的阿当斯在病床上无意中排列成功了。他惊喜万分，连忙翻身下床找纸把它记录下来。几天后，他病愈出院到家时却不幸地发现，那张记录六角幻方的纸竟然不见了！

然而阿当斯并没有因此灰心，他继续奋斗了 5 年，终于在 1962 年 12 月的一天，重新画出了那个丢失的图形(图 7.1.17)，这时的阿当斯已是古稀之人！

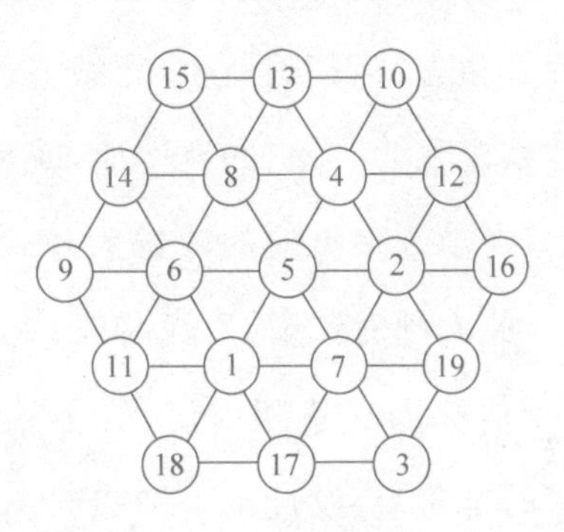

图 7.1.17

阿当斯排出了六角幻方，激动无比，马上把它寄给幻方专家马丁·加德纳鉴赏。面对这绝妙的幻方，马丁博士顿感眼界大开，并立即写信给才华横溢的数学游戏专家特里格。特里格企图在阿当斯六角幻方的基础上，对层数做出突破。但经过反复研究，特里格发现自己所做的一切努力都是无用功，两层以上的六角幻方根本不存在！

1969 年，滑铁卢大学二年级的学生阿莱尔，对特里格的结论做出了极为简单而巧妙的证明。后来阿莱尔更上一层楼，把六角幻方的可能选择输入电子计算机测试，结果只用了 17 秒，就得出了与阿当斯完全相同的结果。

电子计算机向人类庄严宣告：普通的幻方可能有千千万万种排法，但六角幻方却只有阿当斯发现的这一种！

2. 世界三大不可思议益智游戏

在人世间大约没有比智慧和创造更能显示人的伟大，被誉为世界三大不可思议益智游戏的“独立钻石”“华容道”和“魔方”，则是人类为磨炼自身思维而创造、设计出的三株奇葩！

• 独立钻石

“独立钻石”是钻石棋类(一种在直线网格棋盘上，供一个人自娱自乐的游戏)中，最为光彩夺目和不可思议的精品。

“独立钻石”的诞生，充满着传奇的色彩！这一令人入迷的棋戏竟是一个“铁窗婴儿”。它的诞生地，就是巴黎北部那座大名鼎鼎的巴士底狱。

在 200 多年前的法国大革命前夕，在巴士底狱中关押着一名贵族囚犯。此人面对铁窗，百无聊赖，终于想到下棋可以消磨时光，解除烦闷。但由于他被囚于独间牢房，找不到对手，于是就在当时欧洲流行的“狐狸和鹅”的棋盘上，设计出一种能够一个人自己玩的棋。它就是“独立钻石”。

话说当时这个贵族囚犯终日迷恋自己设计的这种棋戏，下棋不止，并为此忘却了艰难的铁窗岁月。这一神奇的变化使看守惊诧不已。看守想弄清这种简单的棋戏究竟具有什么样的魅力，却不料自己也被迷入其中，并因此使之流传于巴士底狱。1789 年 7 月 14 日，巴黎人民发动武装起义，攻占了巴士底狱。这一“铁窗婴儿”的棋戏也同时获得了“解放”，并在社会上广为流传，成为人们喜爱的一种益智游戏。

图 7.2.1 是一张 18 世纪的版画，题为《玩钻石棋的法国公主》。可见，当时“钻石棋”不仅流传于民间，而且在皇家宫廷内部也备受欢迎。据说，版画上玩棋的妇女是法国公主苏比兹。

“独立钻石”的棋盘(即当时欧洲流行的“狐狸和鹅”的棋盘)为十字形(图 7.2.2(a))。棋盘上有 33 个交点，除正中央外每个交点放一个棋子，共放 32 个棋子，棋子只能沿棋盘的横竖线隔一个棋子跳子，允许连跳，被跳过的子即被“吃”掉。

游戏要求当盘上的棋子都无法继续走动时，剩下的棋子数越少越好。为了叙述方便，我们对棋盘上的每一个交叉点都涂以黑白相间的颜色并标上数字(图 7.2.2(b))。

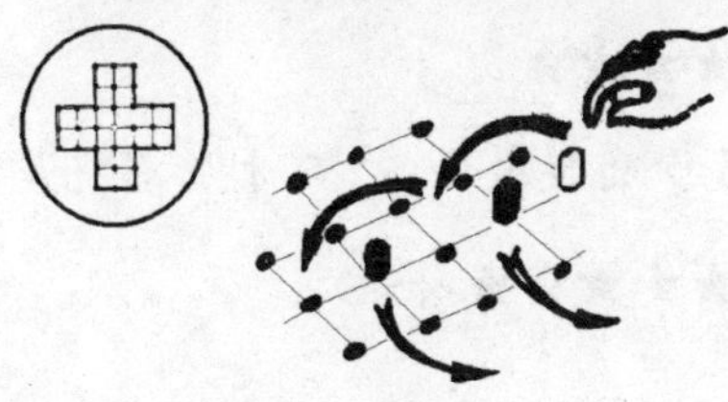

图 7.2.1

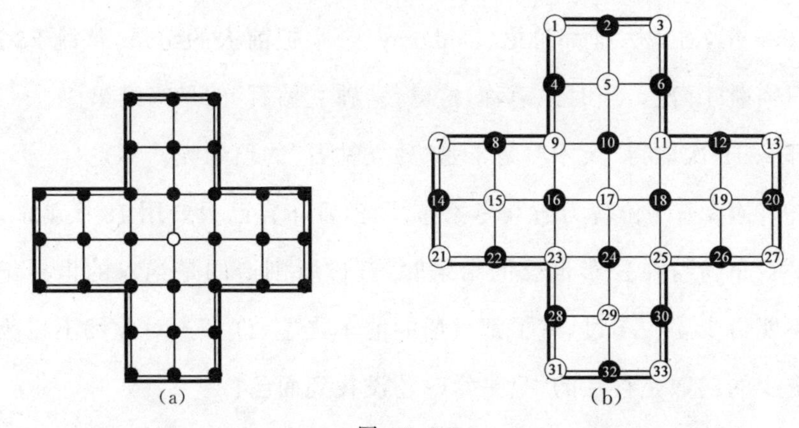

图 7.2.2

评判“独立钻石”优劣的级别是：

最后剩下 5 个棋子——“好样”；

［难度等级：★☆☆☆☆］

最后剩下 4 个棋子——“更好”;

[难度等级:★☆☆☆☆]

最后剩下 3 个棋子——“聪明”;

[难度等级:★★☆☆☆]

最后剩下 2 个棋子——“尖子”;

[难度等级:★★☆☆☆]

最后剩下 1 个棋子——“大师”;

[难度等级:★★★☆☆]

最后剩下 1 个棋子,且在正中央——“天才”;

[难度等级:★★★★☆]

如果你能用最少的步数取得“天才”,那将是“绝对天才”!

[难度等级:★★★★★]

“独立钻石”诞生后的 120 年间,进展十分缓慢。在 1908 年之前,人们所掌握的到达“天才”的方法,最少需要跳 23 次。

1908 年,游戏大师都丹尼(Dudeney)一举把前人的纪录,从跳 23 次刷新为只需跳 19 次。当时他声称,这已是“独立钻石”的最终结果。

那么 19 次取得“天才”,是不是“独立钻石”的顶峰呢?不是!

1912 年,另一位智力游戏专家布荷特,宣布自己只要用 18 次就能取得“天才”!布荷特在公布自己的结果时,宣称所创造的是绝对的世界纪录,次数不能再少了。不过,有了都丹尼的前车之鉴,许多人对此都不以为然,认为更少的次数是存在的,只是暂时还没找到而已!

然而,这次人们却猜错了。因为不久之后,英国剑桥大学的比斯尼教授,用数学的方法严格论证了:“独立钻石”要取得“天才”的结果,其次数不能少于 18 次。也就是说,18 次已是“独立钻石”的尽头!

下面是布荷特 18 次“绝对天才”的解法:

- 29 → 17
- 26 →24
- 33 → 25
- 18 → 30
- 6 → 18
- 13 → 11
- 10 → 12
- 27 → 13 → 11
- 23 → 25
- 21 → 23
- 8 → 10 → 12 → 26 → 24 → 22
- 31 → 33 → 25→ 11
- 1 → 9
- 16 → 4
- 3 → 1 → 9
- 7 → 21 → 23
- 28 → 16 → 4 → 6 → 18 → 16
- 15 → 17

虽然布荷特创造了 18 次“绝对天才”的方法,但是否还有其他方法也能取得“绝对天才”呢？这个问题沉寂了数十年。直至 1986 年,在上海举行的一次竞赛中,我国女工万萍萍,找到了另一种不同于布荷特的 18 次取得“绝对天才”的方法(图 7.2.3)。后来人们通过计算机证实：18 次取得“绝对天才”的方法,只有布荷特和万萍萍的两种。

至此,历经两个世纪,关于“独立钻石”的探索终于尘埃落定!

尽管 18 次取得“绝对天才”的方法只有两种,但 19 次取得“天才”的方法却很多，目前人们已经知道的至少有几十种。

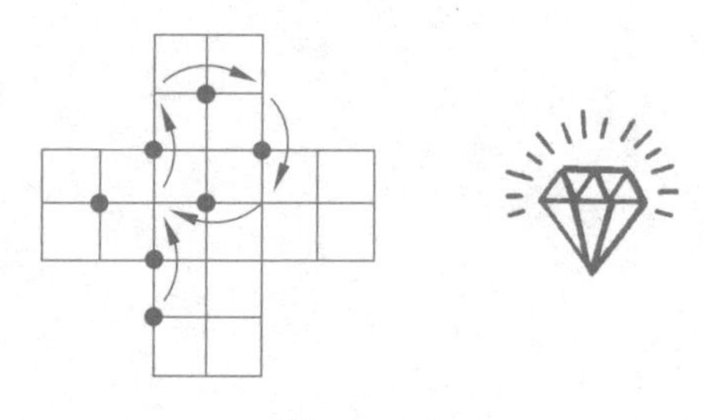

图 7.2.3

- **华容道**

精妙绝伦的“华容道”棋，在世界三大不可思议的智力游戏中，历史最为悠久，有六七百年。这是一种“移块游戏”，其基本布局如下：

在一个 5×4 格的方框(棋盘)里，放上了 10 个大小不等的方形木块，其中上面正方块最大，为 2×2 格；两旁各竖放着 2 个 2×1 格的长方块；中间横着 1 个 1×2 格长方块；长方块下面是 4 个 1×1 格的小方块。此外，盘中还有两个单位的空格(图 7.2.4)；空格下方设有 1 个两个单位长的出口。

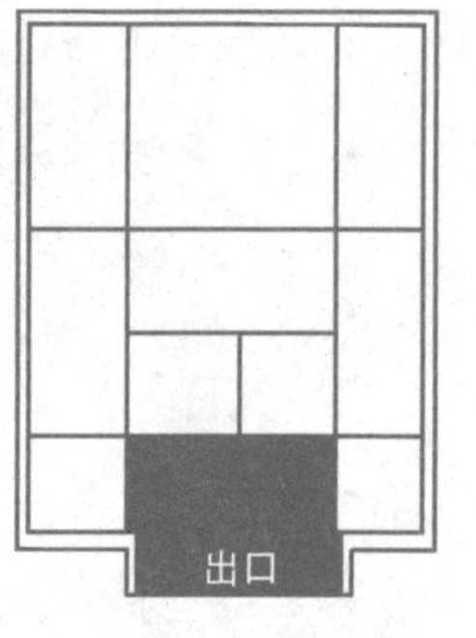

图 7.2.4

游戏要求：在不离开方框的条件下移动各种方块，以使上面正方形的大方块得以从出口处移出去。

评判玩家优劣的标准是：

“及格级”——能将大方块从出口处移动出去；

“优秀级”——在及格的前提下，棋子移动的步数越少，级别越高。

“华容道”游戏源于中国。我国民间早就流传对这种基本布局的解法。甚至有人宣称，只需用 81 步就能达到目的，可惜当时没有用文字把解法记载下来。最早用文字记录解法的，首见于姜长英的《科学消遣》。

目前，“华容道”基本布局的解法步数，世界纪录依然止步于“81”。人们猜想："81"可能是"华容道" 解法步数的尽头，但至今没有人能够证明它。对此，世人依旧拭目以待！

"华容道"游戏，开始时并没有确切的名称。后来人们在玩这种游戏的过程中，发现横放在中间的长方块，虽也左遮右拦，但终究还是让大正方块得以通过。这有些神似于《三国演义》中"智算华容"的情景。这一脍炙人口的精彩片段说的是：

七星坛诸葛祭风，三江口周瑜纵火，火烧连营，曹操数十万兵马毁于一旦，只落得带领几骑护卫仓皇逃命。

话说诸葛亮算定曹操必然往华容道方向逃窜，便派赵云、张飞，配合东吴大将黄盖、甘宁，沿途围追堵截；又令关云长立下军令状，命其扼守华容道，务必将曹操擒拿到手。

几乎一切都准确地按诸葛军师的神算变为现实。只是最后，当曹操逃至华容道时，"义重如山"的关云长，却挡不住曹操的"情义经"，终于把他放走了……

受故事的启发，人们把玩具中的方块分别写上兵将的名字。其中大正方形方块代表曹操；两旁竖放着的长方块代表围追堵截的四大将；中间横着的长方块代表关云长；关云长下方，布有 4 个单位方格的小兵。

就这样，这一游戏得到了一个非常形象的名称——"华容道"，并流传了几百年，沿用至今。

由于"关云长"出场的形象通常是，骑于马上，横提大刀。所以"华容

图 7.2.5

道”的基本布局，在民间称为“横刀立马”。

为记述方便，我们采用以下记号(图 7.2.6)：

用字母 M 表示“曹操”(大正方形方块)；

用字母 P、Q、R、S 表示“竖将”(2×1 长方块)；

用字母 X 表示“横将”(1×2 长方块)；

用字母 A、B、C、D 表示“小兵”(单位方块)。

用字母及其上标和下标，表示方块的移动。字母本身表示字母所代表的方块移动一格；字母的下标“u”“d”“r”“l” 分别表示方块向“上”“下”“右”“左”移动；字母的上标，则表示移动的格数。在不会引发移动歧义的情况下，字母的上标或下标可以略去。

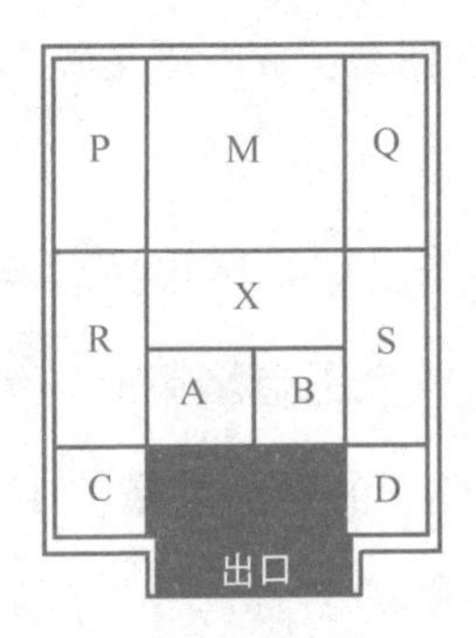

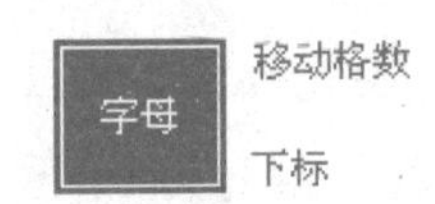

图 7.2.6

下面是“横刀立马”取得 81 步最高纪录的一种走法(图 7.2.7)：

$CRXB_dSDBSX^2A^2$；　$C^2SD^2XC^2A^2RSD^2B^2$；　$XA^2SRP^2MQC^2A^2S$；

$Q^2MP^2RB^2D^2X^2QSB^2$；$M_{(41)}$

$C^2A^2B^2S^2QD^2M_{(48)}$；

$C^2PR^2MC^2ABSQD$；　$C_dMR^2PBA_1SQ^2MA^2$；$B^2PR^2A^2XC^2D^2M_{(76)}$；

$B^2A^2XD^2M_{(81)}$

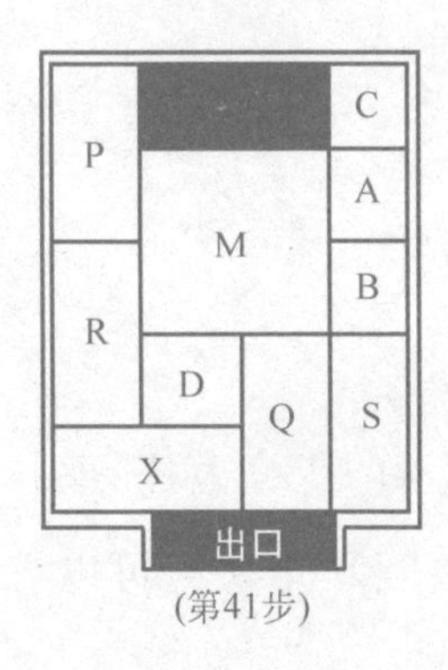

(第41步)

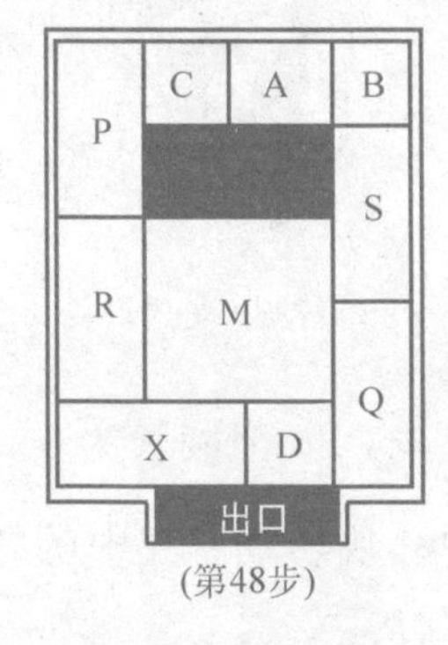

(第48步)

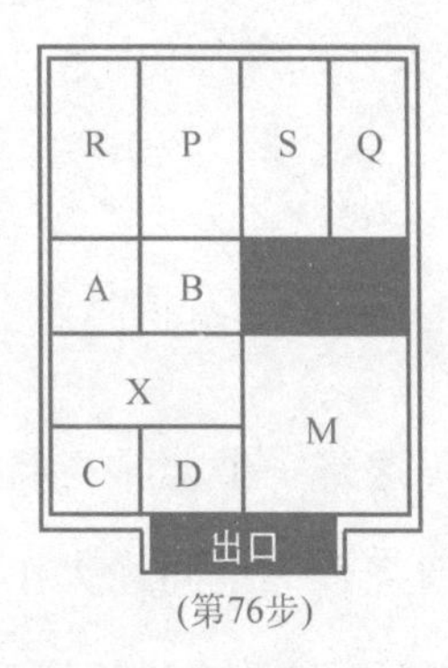

(第76步)

图 7.2.7

“华容道”棋由我国先传往朝鲜和日本,后又传到西欧和美国,引起了各国人民的兴趣和爱好。各国还根据各自的文化特点,对方块的名称做了更改,变成为一种换汤不换药的游戏。例如：

在日本,为了方便小学生玩,把“华容道”作了简化：原四条直块中的两条,一条改为横块,另一条换成两个单位小方块,使小兵数增加到六个,从而大大降低了“曹操”逃脱的难度。

在美国和欧洲,“华容道”成了一种足球场上的较量(当然,人物也改为他们所熟悉的)：“华容道”出口即为球门,“关云长”则为守门员,而“曹操”带球前进,意在破门……

近些年,有人把玩“华容道”的技巧,用于站台、仓库等搬运方案的设计,也有人构思将“华容道” 的技巧用于汽车调度,以解城市拥堵,停车位奇缺的难题。所有这些设想,都极具前瞻性,使这一古老的游戏又萌发出时代的生机!

• 魔方

“魔方”出现于20世纪70年代。1974年,匈牙利布达佩斯的一位年轻的建筑学教授爱尔诺·鲁毕克(Erno Rubik),出于教学上的需要,设计了一种工程结构(图7.2.8)。

图 7.2.8

这是一个非常奇特的结构:26个棱长为1.9厘米的小立方体,能自由地围绕着一个同样大小的中心块转动;其中的“边块”和“角块”,可以分别转至任何其他“边块”和“角块”的位置。

为了区别这些小立方体,鲁毕克教授在这些小方块的表面贴上了不同颜色的塑料片,以使人们能一目了然地看清这些小方块的位置移动。这就是世界上的第一个“魔方”。

魔方的每个平面包含有9个小方块。中间的一块(图7.2.9中央的黑色块)称为中心块。魔方6个面共有6个中心块,每个中心块都具有不同的颜色。在魔方的旋转运动中,中心块的位置没有变化(最多只是绕其中心轴旋转)。因此,魔方还原的基本要求,实际上是要使这个面上其他的小方块的颜色,通过转动变得与该面中心块的颜色相同。

魔方每个角的小方块称为角块(图7.2.9阴影格)。除中心块和角块外其余为边块。

角块位于魔方3个面的交界处,在一个魔方中共有8个角块。

边块位于魔方两个面的交界处,魔方中边块最多,共有12个。

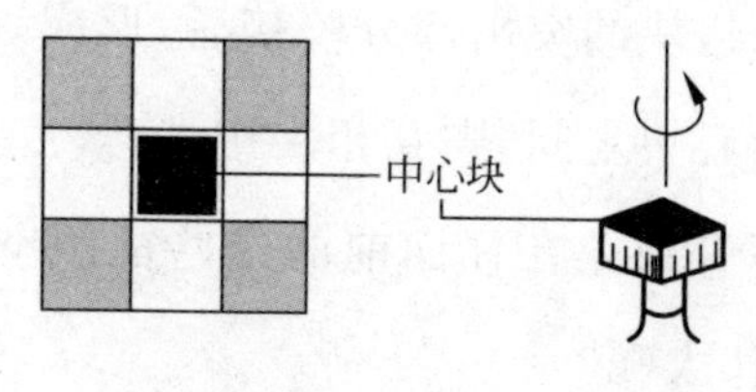

图　7.2.9

魔方的基本要求是当魔方各个面上的颜色被打乱之后，用尽可能少的动作，使之恢复原位。

魔方玩具于1975年申请专利，1977年开始出现于市场，旋之风靡全球。只用短短3年，世界上魔方爱好者就超过了1000万。许多人为之痴狂！甚至连一些素有盛名的数学家也对此着了迷。魔方几乎成了20世纪70年代文明的标志，与电子计算机和袖珍计算器同被誉为当时世界技术的奇迹！

魔方这种玩具，其貌不扬，为什么会有如此之大的生命力呢？原因在于它有约 4.3×10^{21} 种变化，能使人百玩不厌。

究竟魔方内部是怎样的神奇结构，使它能前、后、上、下、左、右6个方向自如旋转？让我们欣赏一下它内部的奇妙结构。

把魔方上平面转1/8圈后，用小汤匙可以很容易撬下图7.2.10(a)中的一个边块。以后再转动1/8圈，即可同时取出旁边的两个角块。

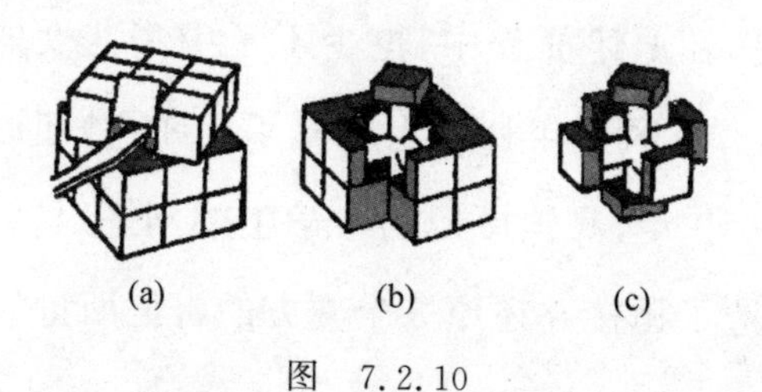

图　7.2.10

用类似的方法可以把所有的边、角块逐一拆下来(图7.2.10(b))。这时，读者将看到3根互相垂直，且把中心块连接起来的中心骨架(图7.2.10(c))。

图7.2.11是拆下来的边块和角块，以及第一层的结构图。读者从中

可以发现，这种角块和边块的突出部分咬接后，形成一个托盘，围绕中心球形块转动，而它们与中心块之间，则互相夹钳、锁紧！

亲爱的读者，当你看到摆在你面前的这些征服空间的杰作，你是否会有感于人类创造性的伟大呢？

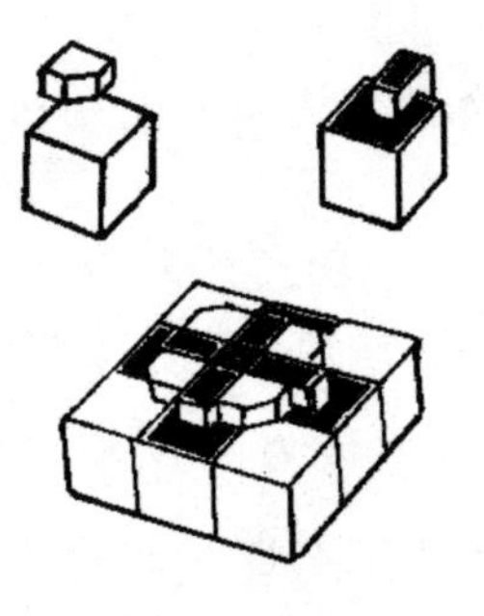

图 7.2.11

魔方出现至今已近半个世纪，半个世纪来魔方家族欣欣向荣，不仅繁衍出众多诸如魔盘、魔星、魔棍之类的旁系侧枝，而且在阶数上更有所拓展；在还原魔方的理论方面，人们不仅总结了数以百计的口诀与公式，而且在玩法上也花样翻新，如在动态中实现多个魔方还原，等等。在还原魔方的实践方面，人们的操作手法越发娴熟，还原用时也越来越短，各项纪录如雨后春笋，令人目不暇接。值得一提的是，随着近年人工智能的发展，人们还尝试通过机器来还原魔方，并取得了 0.38 秒还原单体魔方的可喜成绩。

还要提及的是，在上述征程中，也少不了中华儿女的身影，如 2018 年安徽芜湖公开赛上，我国少年杜宇生取得了 3.47 秒还原单体魔方的世界最好成绩；又如 2019 年，我国厦门的中学生阙剑平以 5 分 2.43 秒的骄人的成绩，打破并创造了抛接并还原 3 个魔方的吉尼斯世界纪录！

3. 使人迷离的图形分割

图形分割问题，一直长时间令人迷惑不解。两个多世纪前欧拉提出的关于平面剖分的例子，算是比较典型的一个。

1751年，欧拉研究了以下有趣的问题：一个平面凸 n 边形，存在多少种用对角线剖分成三角形的办法？对此，欧拉本人求出了从三角形开始的前7个剖分数：

$$1,2,5,14,42,132,429$$

1758年，数学家西格纳找到了平面凸 n 边形上述剖分数 D_n 的一个递推公式。利用这个公式，人们可以一步一个脚印地依次求出各个 D_n 的值。只是对于较大的 n，计算有点复杂罢了。

西格纳的公式一直维持了大约一个半世纪。一个半世纪来，人们总是依照西格纳的办法，一步一步地计算 D_n 的值。不料到了21世纪初，竟然出现了戏剧性的突破。数学家乌尔班在无意中计算了($D_2=1$)：

$$\frac{D_3}{D_2}=1,\quad \frac{D_4}{D_3}=2,\quad \frac{D_5}{D_4}=\frac{5}{2},\quad \frac{D_6}{D_5}=\frac{14}{5},\quad \cdots$$

他惊奇地发现，对于所有的 n，D_{n+1} 与 D_n 的比，满足一个非常简单的算式：

$$\frac{D_{n+1}}{D_n}=\frac{4n-6}{n}$$

乌尔班感到奇怪，为什么如此简单的式子，在150多年中，没有人发现?!于是，他对此悉心研究，终于想出了一种极为精彩的方法，巧妙地证实了自己的猜测。从而使这一持续了一个半世纪的问题，画上了句号。

正方形的正方分割有着不同凡响的经历。

1936年，英国剑桥大学的塔特、斯通等4名学生，同时对正方形正方分割问题产生了兴趣。正方分割是指：把正方形或矩形分割成边长不等的小正方形，同时要求分割数应尽可能地少。当时人们只知道：长33宽32的矩形，能够分割为9个不同的小正方形。

尽管当时4名学生研究着同一课题，但他们考虑的侧重点各不相同。斯通从一开始就怀疑正方形的正方分割是否存在。然而，他始终无法证实自己的见解。塔特等人则致力于寻找一个实际可正方分割的正方形，但在几经失败之后，也开始倾向于斯通的看法。

正当这种思维的天平向一侧倾斜的时候，1939 年，在英吉利海峡的另一边响起了一声惊雷！柏林的施帕拉格，居然实实在在地找到了一个可以正方分割的正方形，这对斯通、塔特等人无疑是一记闷棍。但他们并没有在挫折前气馁，而是迅速地调整了思路，在理论的指导下，终于找到了一个分割数为 39 的正方形正方分割。这一成果大大增强了他们继续研究的信心，并开始了各自漫长的探索历程，因此造就了一代蜚声数坛的组合数学专家。

图 7.3.1 是 25 阶正方形正方分割，是由塔特的学生 J. 威尔逊于 1964 年找到的。这个图形保持了 12 年正方形正方分割的最高纪录。直至 1976 年，人们通过大型的计算机找出 21 阶完美的正方形正方分割(图 7.3.2)。这一图形，已被理论上证实为正方形正方分割的尽头！

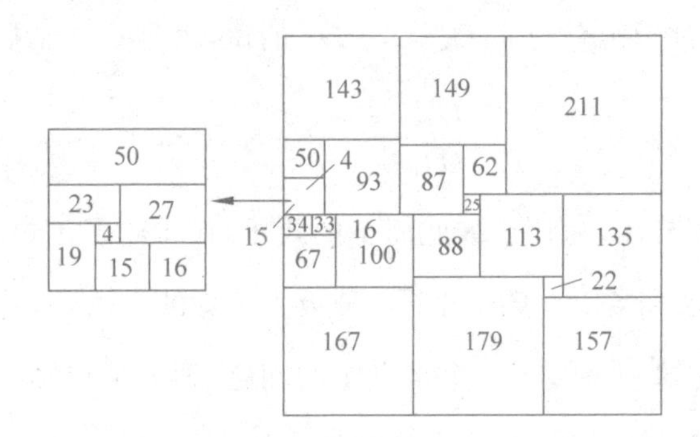

图 7.3.1

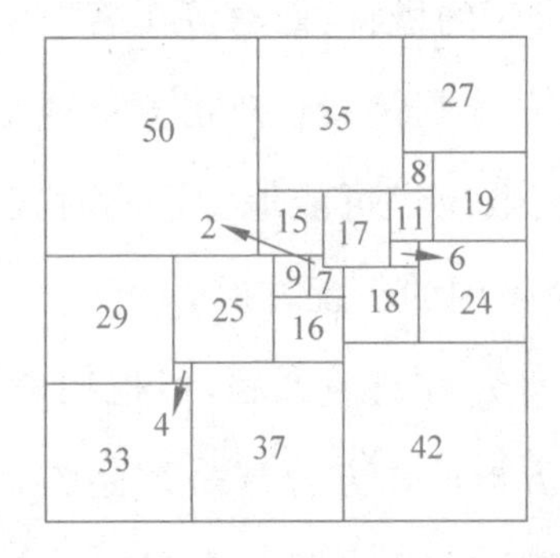

图 7.3.2

把正方形分割为若干边长为整数的三角形似乎无比困难。即使像图 7.3.3 那样的简单问题：在正方形内部找一点，使得图中 4 个三角形边长均为整数，至今依然是个谜！

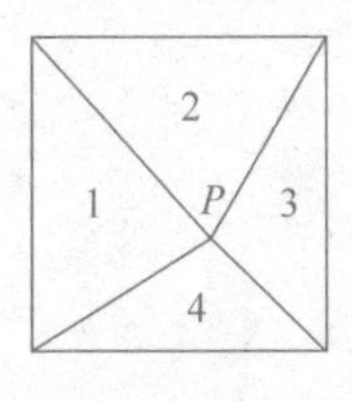

图 7.3.3

把一个正方形分割成若干边长为整数的直角三角形(简称正方形三角分割)，首见于 20 世纪 60 年代日本的《数学智力游戏》一刊，提出者为铃木昭雄。问题要求被分割的大正方形边长要尽可能地小，所分割出的直角三角形数目也要尽可能地少。

之后 20 多年，正方形三角分割问题虽然取得了一定进展，但距离最终目标似乎仍很遥远。

1966 年，一个边长为 39780 的大正方形三角分割终于被找到。在此后 15 年内，尽管人们进行了不懈的努力，但边长在 1000 以下，分割数在 10 以内的正方形三角分割，总共也只找到 20 种。图 7.3.4(a)是 1968 年找到的，它由 5 个整数边的直角三角形组成，这是当时分割数 n 的最少纪录。1998 年，我国的两位业余数学爱好者许康华、骆来根证明了 $n \geqslant 5$。这意味着正方形三角分割数 $n=5$ 已经是最低限，不可能再少了。然而，人们仍然想知道，是否还存在其他的 $n=5$，但正方形边长更小的分割方法。

图 7.3.4(b)是 1976 年找到的，图中的正方形边长为 48，这也是迄今为止被三角分割的正方形边长的最小纪录。

然而，“48”是不是这一令人困惑问题的尽头，至今没有人确切地知道！

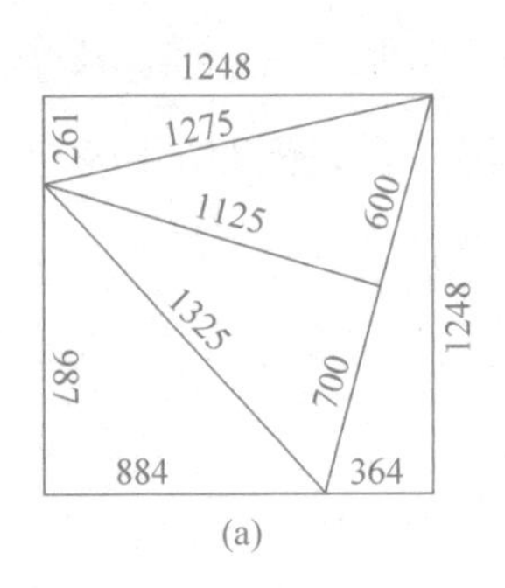

(a)

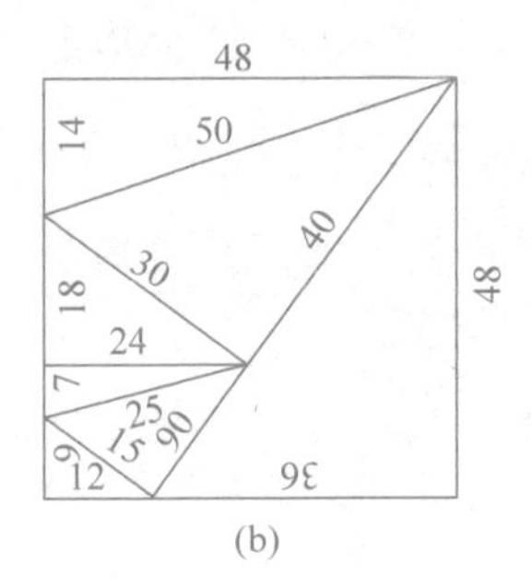

(b)

图 7.3.4

4. 推理能力的磨刀石——数独

数独游戏是锻炼人们思维和推理的绝好磨刀石。

“数独(すうどく)”一词源于日本,大意是游戏中“数字仅出现一次”的意思。这是一种源自18世纪末的瑞士,后在美国发展,并在日本得以发扬光大的数学智力拼图游戏。

数独游戏之所以令人拍案称奇,一是它的玩法逻辑和给人的表象十分简单:人们几乎无需什么知识(实际上只要能辨别1~9这9个数字已经足够)就可以玩,因此是一个名副其实的老幼皆宜的纸上智力游戏;二是它超越了文字与国度的界限,不需要任何计算辅助工具,是少有的具有全球普适性的游戏品类;三是其内涵十分深刻,形式千变万化,难易也天差地别。有时似乎“山穷水尽”,然而一经点破,便峰回路转,柳暗花明。有时仅凭一丁点的“蛛丝马迹”,却能“曲径通幽”,蔚成大观。所以“数独”是人们锻炼头脑、启迪智慧的数学游戏。

数独游戏的规则十分简单:

在图7.4.1的9×9的大正方形中,每一行和每一列都必须填入1~9的数字,不允许重复,也不允许遗漏。

而在图中用粗线隔开的9个“小九宫”(3×3的小正方形)内,所填的也必须满足是1~9的数字,既不重复,也不遗漏。

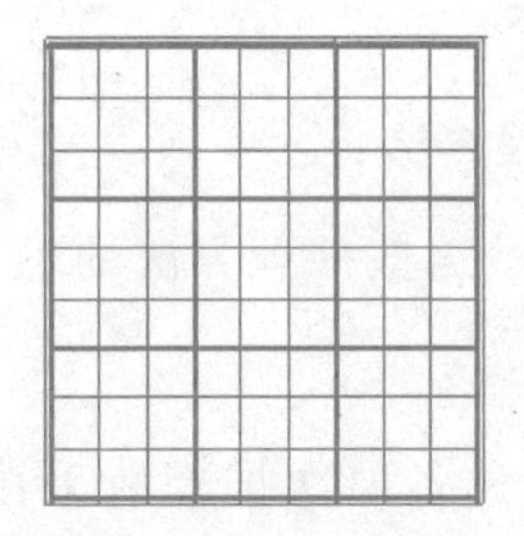

图 7.4.1

游戏的目标是，在大正方形中预先设置若干数字（当然所设置的数字不能违背规则），游戏者则依据这些数字补齐其余的数字。

为了避免读者在分析推理时出现歧义，我们规定：每道题的解必须是唯一的。

图 7.4.2(a)是一道不太难的数独问题（难度系数：★☆☆☆☆）。图 7.4.2(b)是它的完整答案。作为入门练习，读者可以用它试试自己的洞察和推理能力。看看在没有继续阅读下文之前，可以独自在通往正确答案的道路上走多远。

6		5	8	1				
8	9					1	4	
2	3			5		7		
7					9		8	
	5	9	4		3	6	2	
	2		5					1
		6		3			5	2
	1	4					7	6
				4	8	9		3

(a)

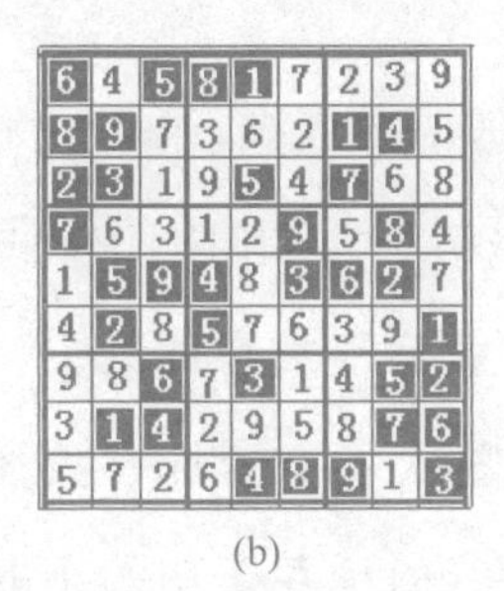

(b)

图 7.4.2

一道数独问题的完整解答，需要一连串正确和细致的推理。这一连串的推理之间，自然难易不一。我们说一道问题的“难度系数”，指的是总体而言。这意味着：一道难度系数为“★”的数独问题，未必所有的推理步骤都很容易，也可能存在个别较难的步骤；同样地，一道难度系数为“★★★”或“★★★★”的数独问题，也可能存在一些较易的推理。只是星号增多，意味着总体上难度增大罢了。

数独问题一般性的推理方法：

我们用 A、B、C……表示这些推理方法的难易层次。即 A 层次较易，B 层次次之，C 层次更次，……

下面我们通过例子，阐述各层次推理所采用的策略。为了节省篇幅，对有些数独图形，只画出了其中作为说明的部分。并仿效坐标的方法，用(m,n)表示数独图形中第 m 行(下起)第 n 列(左起)的位置。

[A 层次]

例 1 图 7.4.3(a)标有数独问题中已知的部分数字。

试问，在左上角的小九宫中，数字“1”应放在哪里？

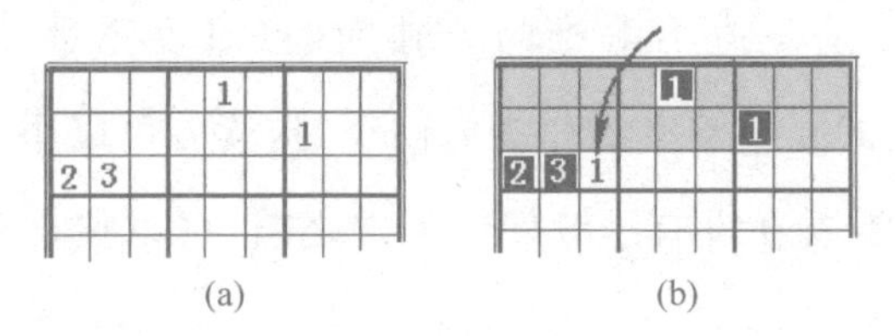

图 7.4.3

很明显，根据规则，第 1 行和第 2 行已经有“1”，所以都不能再放“1”。如图 7.4.3(b)所示，排除图中阴影格后，左上角的小九宫中只剩唯一的一格，所以“1”就只能放在此处。

例 2 图 7.4.4(a)标有数独问题中已知的部分数字。

试问，图(a)中左下角的小九宫中，数字“1”应放在哪里？

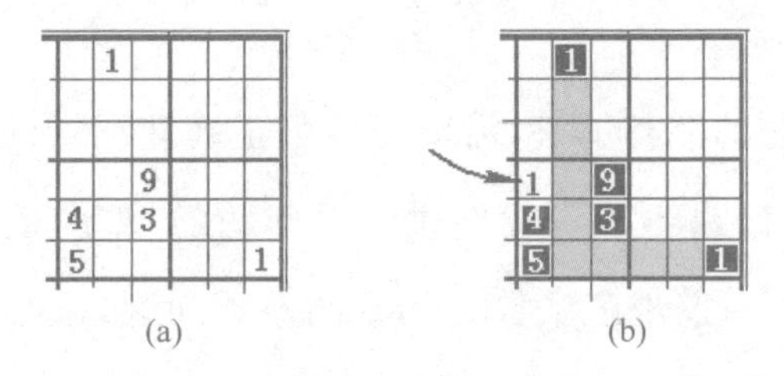

图 7.4.4

如图 7.4.4(b)所示，根据规则，图中左下角的小九宫中的阴影格，都不能放“1”，应予排除。所以，“1”所该放的位置也就水落石出。

例 3 图 7.4.5(a)标有数独问题中已知的部分数字。

试问，图(a)左上角的小九宫中，数字“1”应放在哪里？

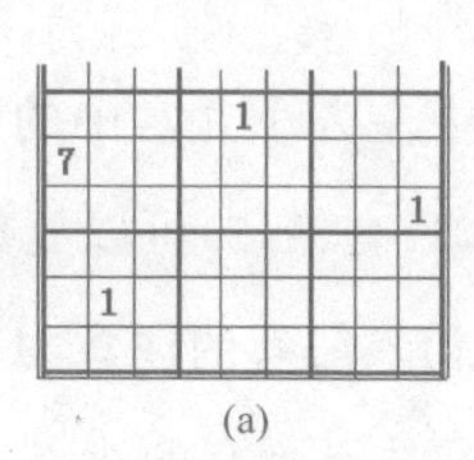

(a)

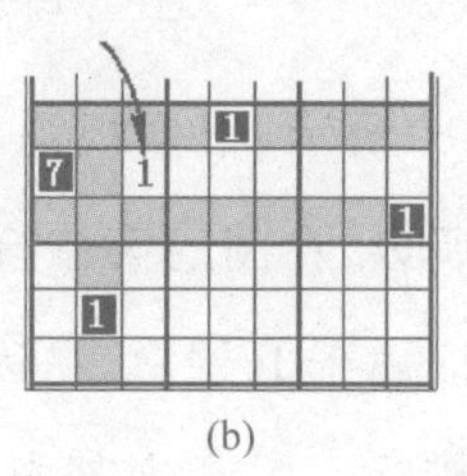

(b)

图 7.4.5

如图 7.4.5(b)所示，根据规则，图中左上角的小九宫中的阴影格都不能放“1”，应予排除。所以，唯一可放“1”的位置已经很显然。

例 4 图 7.4.6(a)标有数独问题中已知的部分数字。

试问，图(a)中下方中部的小九宫中，数字“1”应放在哪里？

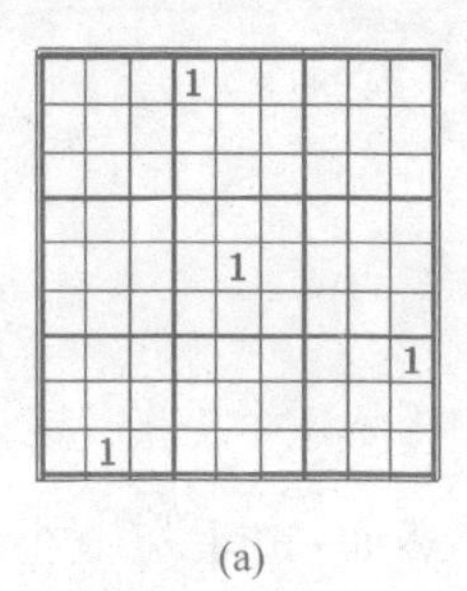

(a)

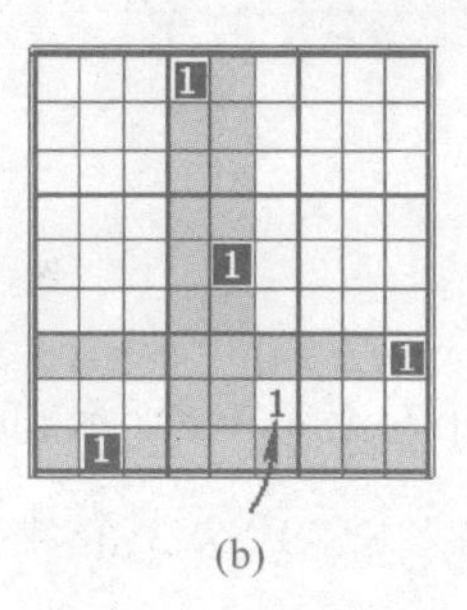

(b)

图 7.4.6

如图 7.4.6(b)所示，根据规则，图中下方中间的小九宫中的阴影格都不能放“1”，应予排除。所以，唯一可放“1”的位置只能是(6,2)。

[B 层次]

例 5 图 7.4.7(a)标有数独问题中已知的部分数字。

试问，在第三行中，数字“1”应放在哪里？

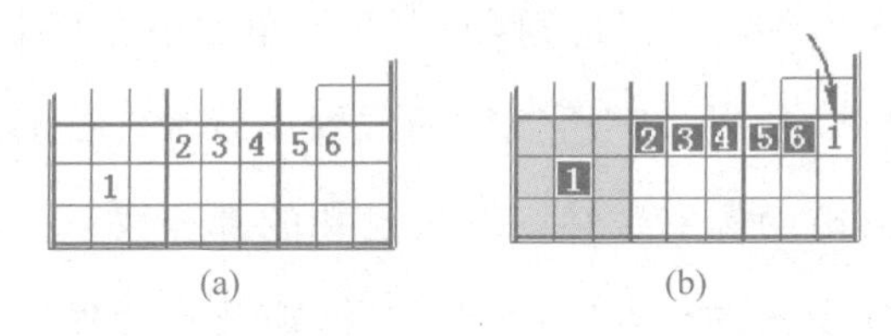

图 7.4.7

如图 7.4.7(b)所示，根据规则，图中左方小九宫中的阴影格都不能放“1”，应予排除。所以，在图的第三行中，只有(9,3)可以放数字“1”。

这道题之所以属于 B 层次，是因为初入门者的注意力往往都会集中在对行或列方面的排除。无意中却忽视了对于所有的小九宫同样也需要予以排除。

例 6 图 7.4.8(a)标有数独问题中已知的部分数字。

试问，在顶行中，数字“1”应放在哪里？

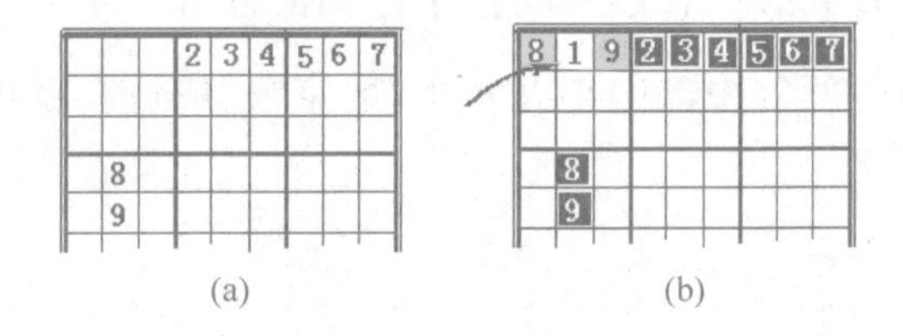

图 7.4.8

很明显，如图 7.4.8(b)所示，顶行中有 3 个空格，这 3 个空格所放置的，无疑只能是“1”“8”“9”这 3 个数字。然而，由于左下小九宫的“8”和“9”位置已定，它排除顶行中间空格放置“8”“9”的可能。也就是说，数字“8”“9”只能放在图中的阴影格中。这意味着，数字“1”应放在顶行的中间空格。

这道题之所以属于 B 层次，是因为它采用的排除方法是间接的，而并非直接的。

例 7 图 7.4.9(a)标有数独问题中已知的部分数字。

试问，在顶部的 3 个小九宫中，哪个数字“1”可以确定？

在顶部的 3 个小九宫中，右部小九宫的数字“1”是已知的。由于图中

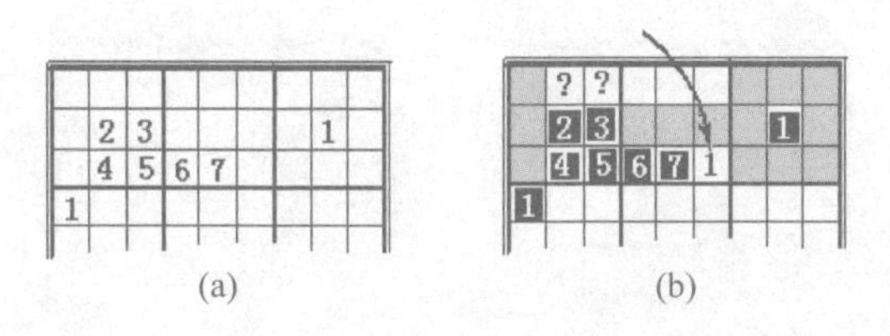

(a) (b)

图 7.4.9

的阴影格显然不可能放置数字“1”，而从顶上往下数的第三行，只有一个空格可以放置数字“1”。这意味着中部小九宫的数字“1”也已确定。左部的小九宫的“1”，待选位置有两个(图(b)中标有“?”格)，还需要其他辅助信息才能确定。不过范围已然缩小了许多，二定一而已。

例 8 图 7.4.10(a)标有数独问题中已知的部分数字。

试问，在顶部的 3 个小九宫中，哪个数字“1”可以确定？

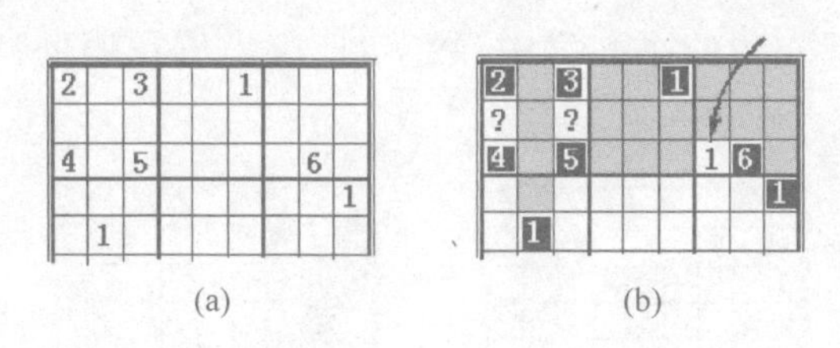

(a) (b)

图 7.4.10

在顶部的 3 个小九宫中，中部小九宫的数字“1”是已知的。而左部的小九宫的“1”，待选位置显然有两个(图 7.4.10(b)中标有“?”格)，还需要其他辅助信息才能确定。不过，在这两个位置中必然会有一个是“1”。这表明中部和右部小九宫的中间一行，必然不能再有“1”了(这一思考，正是本题归属 B 层次的原因)。而图(b)中的阴影格无疑都不应当放“1”。这样，右部小九宫中可以放“1”的格子，也只剩下唯一的一个了。

[C 层次]

例 9 图 7.4.11(a)标有数独问题中已知的部分数字。

试问，在顶部左边的小九宫中，数字“1”应当放在哪里？

这道题难就难在无法一时确定“1”的位置，但可以采用为“救赵”而“围

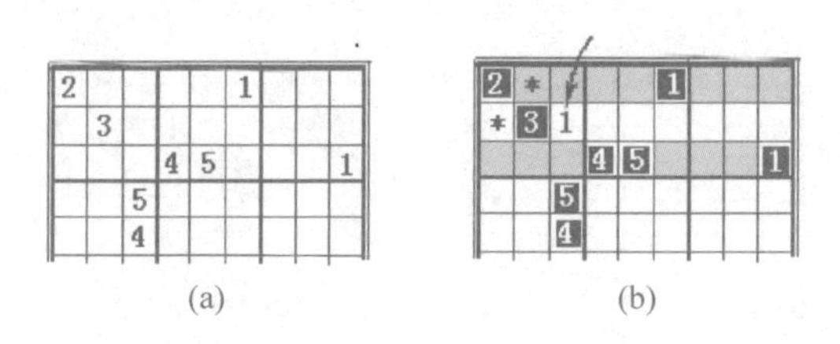

图 7.4.11

魏”的策略。先把数字“1”放在一边，而去讨论数字“4”和“5”。很显然，数字“4”或“5”，不可能出现在左部小九宫的底部一行和右边一列。这意味着图 7.4.11(b)中“ * ”号位置，只能是一个放“4”，一个放“5”，而绝不可能放“1”。另外，图(b)中的阴影格，无疑排除了放“1”的可能。这样一来，放“1”的位置，也就尘埃落定了。

例 10 图 7.4.12(a)标有数独问题中已知的部分数字。

试问，在顶部左边的小九宫中，数字“1”应当放在哪里？

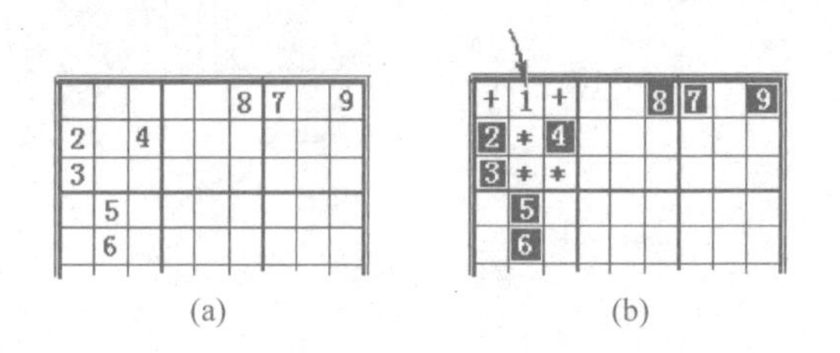

图 7.4.12

与上面所有的例题不同的是，问题中已知的数字，没有一个是“1”，因此只能通过间接的方法加以排除。

先看图中顶上的一行：这一行已经有了数字“7”“8”“9”。于是，左边小九宫的顶行，不可能再有数字“7”“8”“9”了。那么，在这个小九宫中，数字“7”“8”“9”该放在哪里？显然，只能放在图 7.4.12(b)中标有“ * ”号的 3 个格子中。这就间接地排除了这 3 个格放“1”的可能。

再看图(a)中左起第二列：这一列已经有了数字“5”“6”。于是，左边小九宫的这一列，不可能再有数字“5”“6”。那么，在这个小九宫中，数字“5”

“6”该放在哪里？显然，只能放在图(b)中标有“＋”号的两个格子中。这就间接地排除了这两个格放“1”的可能。

综上，左部小九宫顶行的中央一格，是放“1”的唯一位置。

例 11 图 7.4.13(a)标有数独问题中已知的部分数字。

试问，在顶部左边的小九宫中，数字“1”应当放在哪里？

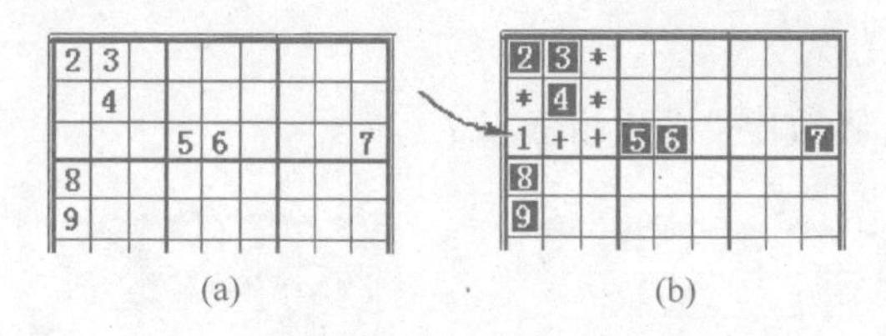

(a) (b)

图 7.4.13

同例 10，如图 7.4.13(b)所示，标有“＊”的 3 个格，只能放置数字“5”“6”“7”；而标有“＋”的两个格，只能放置数字“8”和“9”。经上述排除后，左部小九宫的左下方的一格，是放“1”的唯一位置。

填制数独谜题需要很大的技巧和方法，如唯一候选数法、关键数法、矩形顶点删减法、数对删减法、三键列删减法以及区块删减法，等等。由于讲述每种方法，都需要很大的篇幅，所以本节仅介绍“唯一候选数法”和“关键数法”，其余从略。有兴趣的读者可参阅相关的书籍。

对于某宫格而言，一个数字只要不违背数独的填制规则，就称为该宫格的一个“候选数”。

在填制数独谜题时，一个空的宫格一般会有若干个数可供候选。任何时候，如果发现某个宫格候选数仅有一个(即“唯一候选数”)，那么我们可以立即将此数填入该格。

解数独谜题时，可以把谜题中容易发现的“唯一候选数”先行逐一填入。这样做的好处至少有 3 点：其一，缩小了需要填制的宫格范围；其二，为填写其他的宫格提供了进一步的信息；其三，有助于发现新的、较为隐蔽的“唯一候选数”(也称隐性唯一候选数)。

探求“唯一候选数”的一种有效途径是，从现知的、数字出现最多的数尝试起。因为数字出现越多，排除得也就越多，从而相应地增大了唯一性出现的可能。例如，在图 7.4.14(a)的数独谜题中：

数字“4”“6”“7”“8”，各出现 3 次；

数字“1”“2”“3”“9”，各出现 4 次；

数字“5”出现 5 次。

我们不妨先从数字“5”开始尝试：

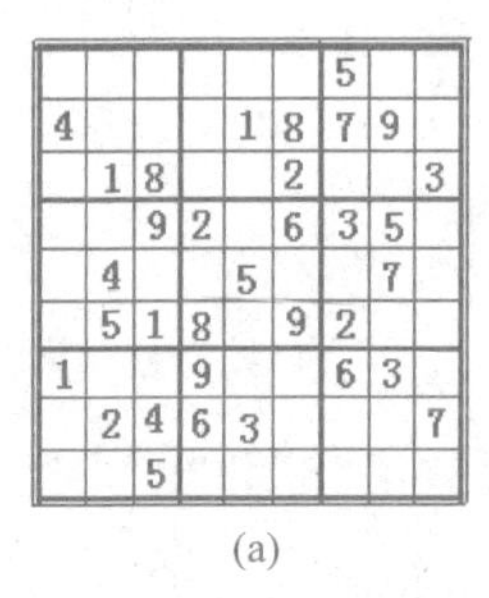

(a)

(b)

图 7.4.14

例如：由已知的(3,1)、(2,4)、(7,9)=“5”，可以推出“唯一候选数”(1,7)=“5”；由已知的(3,1)、(7,9)、(8,6)=“5”，推出“唯一候选数”(9,3)=“5”；再由已知和此前获得的信息：(1,7)、(7,9)=“5”，推出“唯一候选数”(1,8)=“5”；由(3,1)、(9,3)=“5”，推出“唯一候选数”(6,2)=“5”。

如果我们用“→ *”表示“推出唯一候选数”。那么，上述过程可以简记如下：

(3,1)=“5”
(2,4)=“5” → * (1,7)=“5”
(7,9)=“5”　　(7,9)=“5” → * (1,8)=“5”

(3,1)=“5”　　(3,1)=“5” → * (6,2)=“5”
(8,6)=“5” → * (9,3)=“5”
(7,9)=“5”

至此，所有 9 个数字“5”，均已填毕。正如读者在图 7.4.14(b)所见到的那样。对于其他的数，可以仿此加以尝试。

例 12　试写出图 7.4.15(a)数独谜题中，较为容易发现的唯一候选数和隐性唯一候选数。

	1		7			6		
		4	2		5	7		
		5			4		1	
	5			9	3		2	7
9				7				1
		3			8			
			8			5		
6				5				2
5	3		9	2			4	

(a)

	1		7		9	6	5	4
	6	4	2	1	5	7		
7	9	5			4	2	1	
	5			9	3		2	7
9			5	7	2			1
2	7	3			8			5
			8			5		
6				5				2
5	3		9	2			4	

(b)

图　7.4.15

图 7.4.15(b)中我们填入了 13 个唯一候选数：其中(5,8)＝“1”，(6,9)＝“9”，(9,9)＝“4”，(7,7)＝“2”，(6,5)＝“2”比较明显。另 3 个唯一候选数“5”，推理中需要用到此前获得的辅助信息。

唯一候选数“6”较为隐蔽。它之所以填在(2,8)，是因为在左上方小九宫中，“6”只能在(2,8)或(2,7)。但如果在(2,7)，势必造成顶部中间的小九宫中的数字“6”填在(5,9)，这样顶行便出现了两个“6”，与规定矛盾。

“6”填入后，接着依次填入(1,7)＝“7”，(2,7)＝“9”，(2,4)＝“7”，(1,4)＝“2”是水到渠成的事。

作为练习，建议读者自行尝试看，题中是否还能找出其他较为明显的唯一候选数和隐性唯一候选数。

对于较为困难的数独谜题，唯一候选数法的贡献十分有限。更多的是遇到这样的情形：某一数字在某一行、某一列或某一小九宫中，恰有两个宫格待选，二者必居其一。这时我们称该行、该列或该小九宫，有了一个“关键数”。

拥有同一个关键数的行、列或小九宫通常不止一个地方，而是环环相扣。当你假定该关键数，应填在其中某行、某列或某小九宫中的某个位置时，该关键数在其他行、列或小九宫中的位置，往往也随之而定。不止如此，伴随着一个关键数的不同的假定，更会引发一连串的“多米诺效应”，确定出其他数的位置。这样一来，在无形中便形成了两个截然不同填写系列。

然而，按照规定，数独谜题的解答必须是唯一的。所以上述两个不同的系列，只能有一个是正确的。这意味着其中必有一个系列，在推演的过程中，会在某个地方出现矛盾。

“关键数法”要点就是，在推演中一旦发现某系列出现矛盾，即予摒弃，然后往正确系列的方向，继续推演。

例 13 试用“关键数法”，继续填制例 12 数独谜题(图 7.4.16(b))。

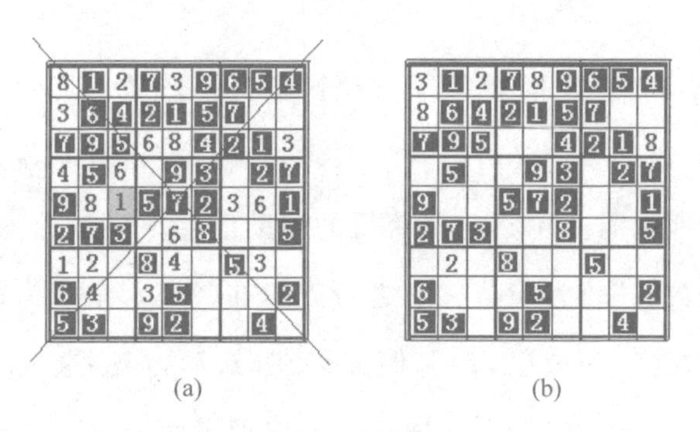

(a) (b)

图 7.4.16

先考虑左上部小九宫中的数字“3”。显然它只能填在(1,8)或(1,9)。也就是说，对于该九宫来说，数字“3”是关键数。

现在尝试把“3”填在(1,8)。之后，如同图 7.4.16(a)所示，依次可以确定：

(3,9)=“2”；(1,9)=“8”；(5,9)=“3”；

(9,7)=“3”；(4,2)=“3”；(8,3)=“3”；

(7,5)=“3”；(5,7)=“8”；(4,7)=“6”；

(8,5)=“6”；(5,4)=“6”；(2,3)=“2”；

(3,6)=“6”；(5,3)=“4”；(2,2)=“4”；

(2,5)=“8”；(1,6)=“4”；(3,5)=“1”。

宫格(3,5)=“1”(图(a)中阴影格)，与已知的宫格(9,5)=“1”位于同行。这是不允许的，所以“3”=(1,8)应予摒弃，即(1,9)=“3”才是正确的选择。

如图 7.4.17(b)所示，沿正确道路又可以依次继续确定：

(3,9)=“2”；(1,8)=“8”；(5,9)=“8”；

(9,7)=“8”；(2,3)=“2”。

到这里似乎又“山重水复疑无路”了。这时我们又要用“关键数法”。考虑第一列，其中尚有两个空格待填。所缺两个数是“4”和“1”。就数字“4”来说，它有两个宫格(1,6)和(1,3)待选。所以，数字“4”此时是第一列的“关键数”。

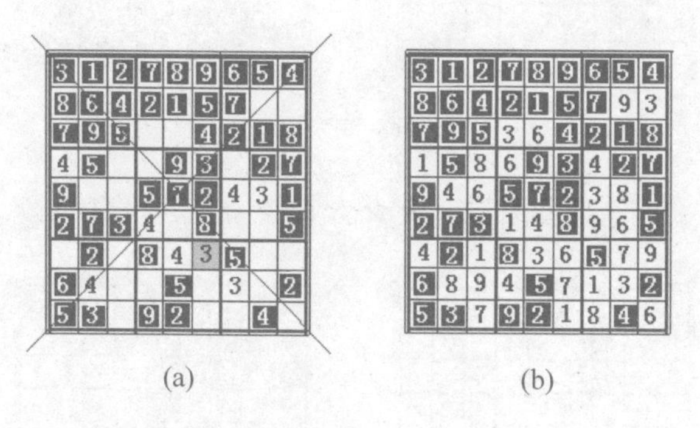

图 7.4.17

现令(1,6)=“4”，继续下去是：

(2,2)=“4”；(5,3)=“4”；(4,4)=“4”；

(7,5)=“4”；(8,5)=“3”；(7,2)=“3”；

(6,3)=“3”。

然而，已知(6,6)=“3”，它与(6,3)=“3”(图 7.4.17(a)中的阴影格)位于同一列。这是数独填制规则所不允许的。它表明此路不通！即必须有(1,3)=“4”。

接下去已经是一马平川，很容易得出例 12 的完整解答(图 7.4.17(b))。

下面是一个关于数独的猜想。

由于我们限制数独问题解的唯一性，所以预先设置于 9×9 方格盘内的已知数字(n)越少，游戏的难度便显得越大。

以下是一些 n 从大到小的例子(左图为问题，右图为完整答案)：

例 1 $n=33$ [难度系数：★☆☆☆☆](图 7.4.18)。

2		9	3			5	8	
	6		5	8	7	9	2	1
					1	4		
					6			8
7			1					
		2	6					
6	4	3	8	7	5	2	1	
	7	5			9	3		4

2	1	9	3	6	4	5	8	7
3	6	4	5	8	7	9	2	1
5	8	7	9	2	1	4	3	6
9	2	1	4	3	6	7	5	8
4	3	6	7	5	8	1	9	2
7	5	8	1	9	2	6	4	3
1	9	2	6	4	3	8	9	5
6	4	3	8	7	5	2	1	9
8	7	5	2	1	9	3	6	4

图 7.4.18

例 2 $n=29$ [难度系数：★★☆☆☆](图 7.4.19)。

3				8				7
	7	1						
8	5	6	1					
7				4			2	
		4	3	9	6	7		
	6			1				4
					7	4	6	3
						9	8	
9				3				1

3	2	9	5	8	4	6	1	7
4	7	1	2	6	9	8	3	5
8	5	6	1	7	3	2	4	9
7	9	3	8	4	5	1	2	6
2	1	4	3	9	6	7	5	8
5	6	8	7	1	2	3	9	4
1	8	5	9	2	7	4	6	3
6	3	7	4	5	1	9	8	2
9	4	2	6	3	8	5	7	1

图 7.4.19

例 3 $n=23$ [难度系数：★★★☆☆](图 7.4.20)。

	2			4				
1								
5			7	3		8	9	
3		7	5		8		6	
				1	2		4	
6	8					4		
								5
			8			9	7	

9	2	8	6	4	5	3	1	7
1	7	3	2	8	9	6	5	4
5	6	4	7	3	1	8	9	2
2	9	1	4	7	6	5	3	8
3	4	7	5	9	8	2	6	1
8	5	6	3	1	2	7	4	9
6	8	9	1	5	7	4	2	3
7	3	2	9	6	4	1	8	5
4	1	5	8	2	3	9	7	6

图 7.4.20

例 4　$n=17$　[难度系数：★★★★☆](图 7.4.21)。

			4					
7	6						9	
				1				
						4		
	7				9			8
						1		2
	8	1	2					
	3				6		5	

3	1	8	4	9	7	6	2	5
7	6	4	8	5	2	3	9	1
2	9	5	6	1	3	7	8	4
8	5	6	7	2	1	4	3	9
1	7	2	3	4	9	5	6	8
9	4	3	5	6	8	1	7	2
5	2	7	9	3	4	8	1	6
6	8	1	2	7	5	9	4	3
4	3	9	1	8	6	2	5	7

图　7.4.21

当然，已知数字的个数 n 不能过少，否则解的唯一性不可能得到保证。事实上 n 显然必须大于 7，因为如若不是这样，那么即使把这不多于 7 个的数字都集中在某一行、某一列、某一个小九宫，也不足以唯一地确定该行、该列、该小九宫中其余两个空格的数字。

基于上述，一个世界级的数独难题是："在解唯一性的前提下，问题中所给数字个数的下限 n^* 为多少？"

有人大胆猜想："$n^*=16$"，但时至今日，仍然无人能够予以证明！

5. 千变万化的"生命"世界

生命游戏(game of life)也称"生命棋"，是英国数学家 J. H. 康韦于 1970 年发明的。

生命游戏模拟一个二维的世界：在一个由正方形小格子组成的二维网格里，生活着一群细胞。每一个细胞占据一个小格子。如图 7.5.1 所示，每个格子的紧邻：上、下、左、右、左上、左下、右上、右下，各有 8 个格子(图中灰格)，如果那些格子里也生活着细胞，那么这些细胞就成为该细胞的"邻居"。

如果某格子上有细胞存活，我们就将其涂黑，以示其状态为"生"；如果某格子上细胞死亡，我们就将方格保持为空，以示其状态为"死"。对于死去细胞的格子，形同空格。

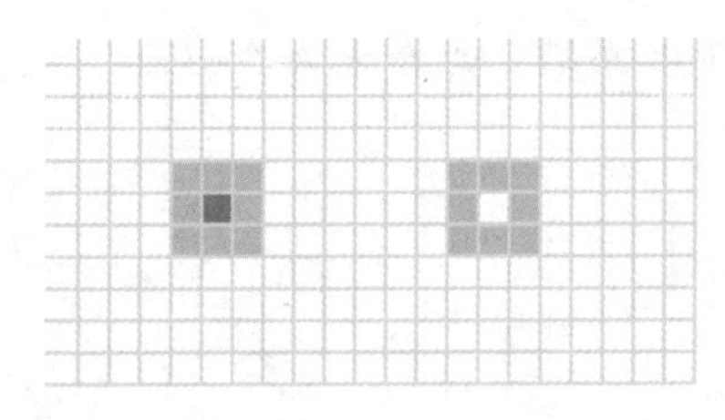

图 7.5.1

游戏开始，玩家可以根据自己的意愿，将棋盘上的若干方格涂黑，然后按以下的规则让其自动演化、运转。在演化中，每个细胞在下一时刻的生、死状态，取决于邻居的数量：

(1) 如果一个细胞只有 0 或 1 个邻居，它将因孤独而死；

(2) 如果一个细胞有 4～8 个邻居，它将因拥挤而死；

(3) 如果一个细胞恰有 2 或 3 个邻居，它将继续生存下去；

(4) 如果一个空方格恰有 3 个细胞为邻居，那么这个方格，将"诞生"出一个新的细胞；

(5) 其他空格子继续维持原状。

读者很快就会看到，就这么简单的规则，在游戏的进行中，将演绎出"生命"的万千变化。由于初始状态和迭代次数(时间)的不同，杂乱无序的细胞会逐渐演化出各种精致、令人叹服的优美图案。这些图案有时会很快消失；有时会周而复始，重复两个或几个图案；有时会趋于稳定；有时则保持图案定向移动，蜿蜒而行；但有时也显现为"无序"和"混沌"，形状和秩序经常能从杂乱中产生出来。

正因如此，生命游戏在 20 世纪 70 年代曾使许多人疯迷。无论学生、教师、科学家或是专业工作者，全都乐此不疲。人们通过大量的试验，以求揭示其中的奥秘，或将它引入所研究的学科。这正是"生命游戏"为什么令人拍案叫绝之所在！

下面我们将通过一些最简单的例子，来共同体验这种千变万化的"生命"世界。

例 1　如果设置初始时间 $t=0$,初始生命状态为 k 个细胞连在一起,排成一行。让我们看看当 $k=1,2,3,4,5,6,7,8$ 时,在网状方格盘中"生命"的演绎变化。

当 $k=1$ 或 2 时,由于邻居太少,结果所有细胞在下一时刻($t=1$)将孤单死亡。

当 $k=3$ 时,演绎出如图 7.5.2 所示的振荡的"生命"形式:

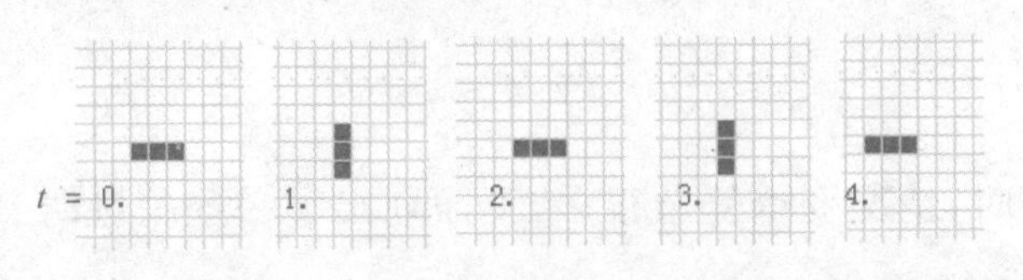

图　7.5.2

当 $k=4$ 时,从 $t=2$ 起,"生命"演绎成图 7.5.3 稳定的形式:

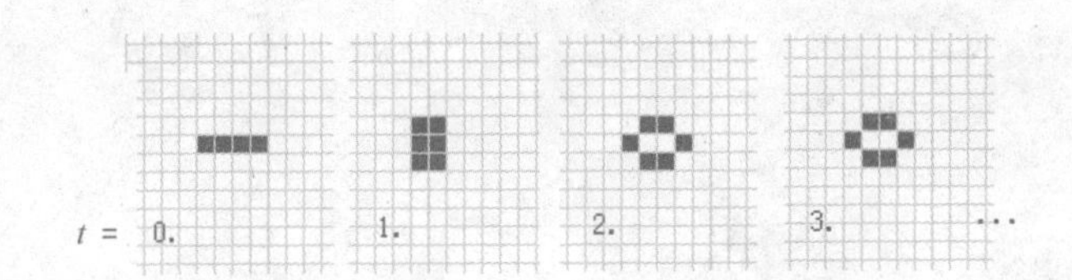

图　7.5.3

当 $k=5$ 时,花样开始多了起来,在迭代 7 次后(即 $t=7$),演化成 4 个相对独立的、相当于 $k=3$ 时的状态(图 7.5.4),从而开始步入振荡的"生命"形式:

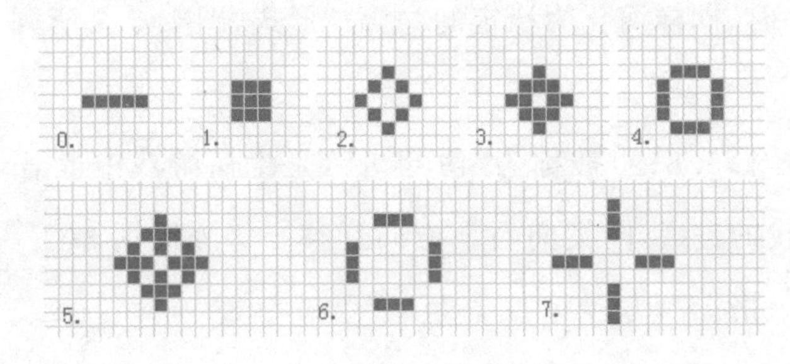

图　7.5.4

当 $k=6$ 时,情况显然更为复杂。在迭代 12 次后(即 $t=12$),竟然灭绝!(图 7.5.5)

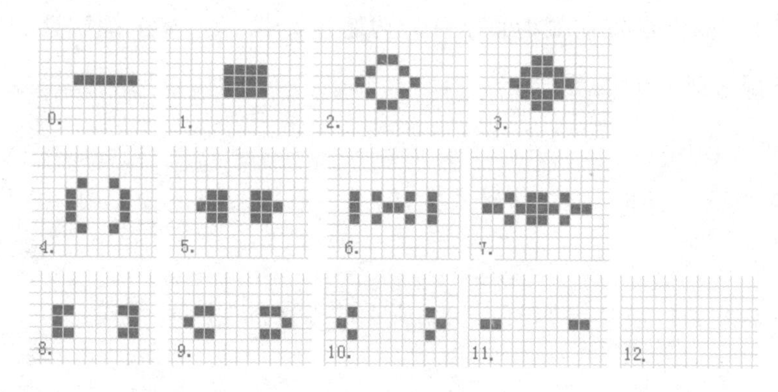

图 7.5.5

当 $k=7$ 时，情况变得复杂很多，下面列出了一些关键时刻的图形。这一初始状态，最终演绎成图 7.5.6 稳定的“生命”形式：

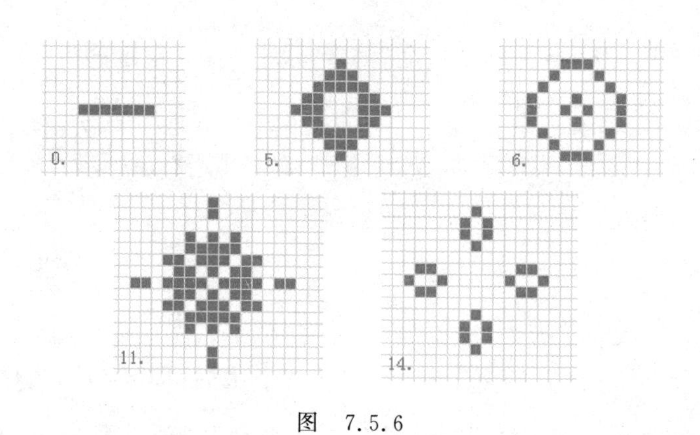

图 7.5.6

当 $k=8$ 时，同样演化为稳定的“生命”形式，图 7.5.7 所列为关键时刻的图形。

例 2 图 7.5.8(a)被称为“滑翔机”，是生命游戏中最著名的图案之一。随着迭代的进展，图案向右下方向迁移。每隔周期 3($T=3$)，向右及向下各前进一格。

图 7.5.8(b)形似船只，称为“舰船”，也是生命游戏中著名的图案。随着迭代的进展，它向右方向前进。每隔周期 4($T=4$)，前进两格。

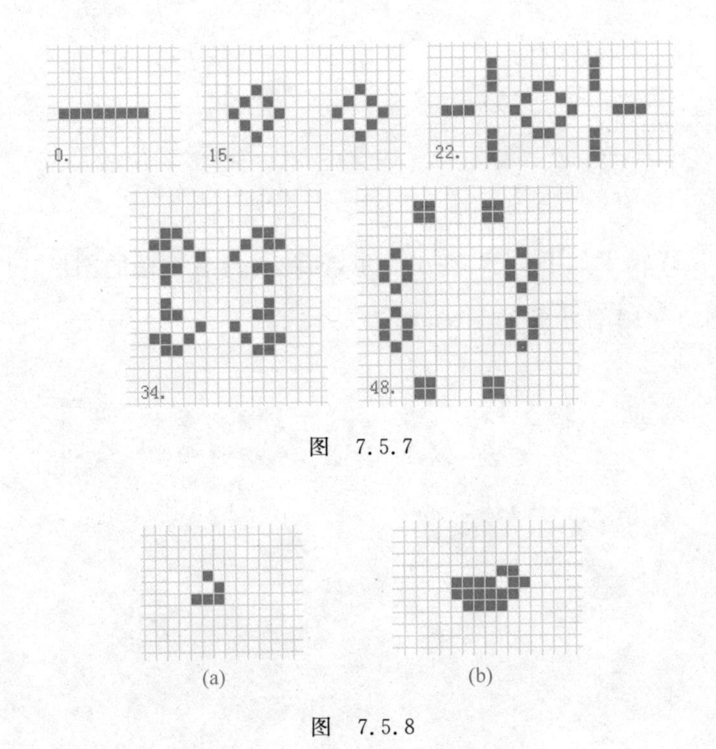

图 7.5.7

图 7.5.8

(1)“滑翔机”的演绎图案($T=3$)(图 7.5.9)

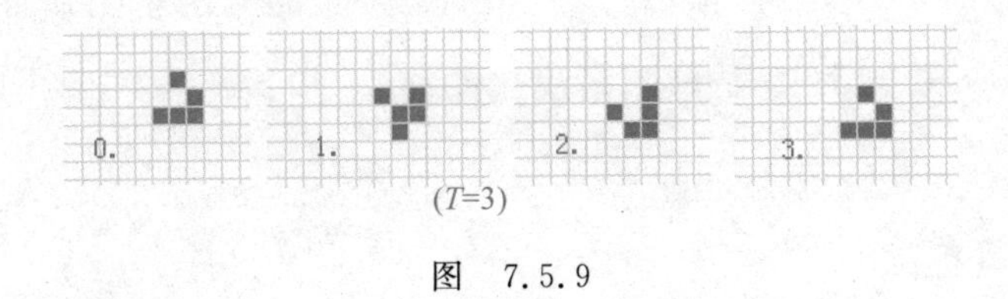

图 7.5.9

(2)“舰船”的演绎图案($T=4$)(图 7.5.10)

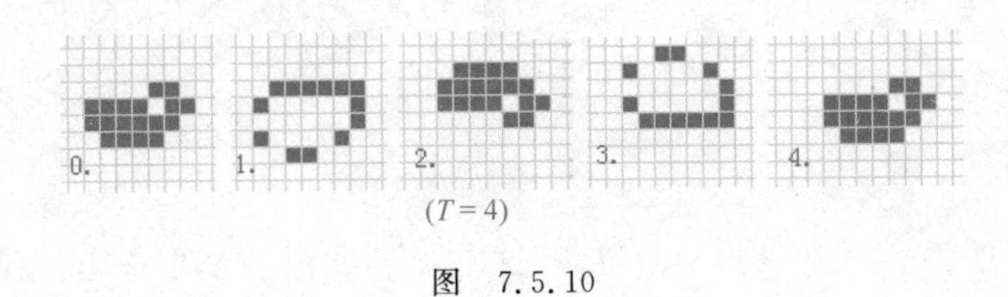

图 7.5.10

例 3 读者手头如果有“生命游戏”的小软件,将图 7.5.11 在计算机上试一试就会知道,出现的情况大为复杂。

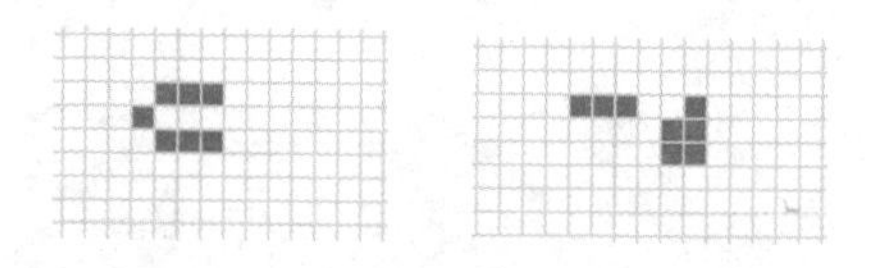

图 7.5.11

(1) 演绎结果如下,大约在 173 步,演化为含有振荡的图形。以下所画为 $t=1$ 至 $t=12$ 各步骤的图案(图 7.5.12):

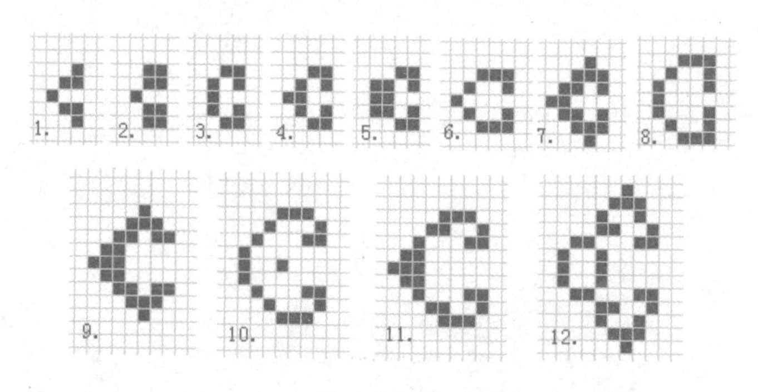

图 7.5.12

(2) 图 7.5.12 的演绎图案,将无序地变化,人们很难从中找到什么规律。在迭代 1000 步之后,依然一片"混沌"。谁也无法猜出后面的时刻将会出现什么。图 7.5.13 是该图案演化的前 10 步。

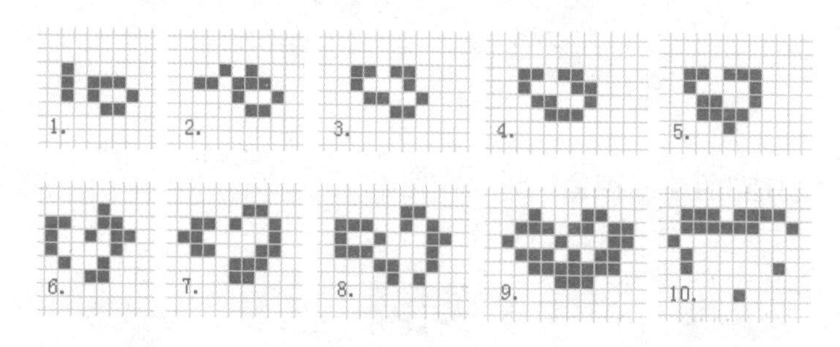

图 7.5.13

以上的例子,仅仅是"生命游戏"这一庞然冰山的小小一角。仅从这些也足以让读者领略"生命游戏"的风采和魅力。

从例 3 可以发现,"生命游戏"的图案演化,大致可以分为以下 5 类:

(1) 灭绝型

“生命”群体的灭绝,可能像例 1 中 $k=1,2$ 那样,因孤单而死亡；也可能像图 7.5.14 那样,因拥挤而死亡。

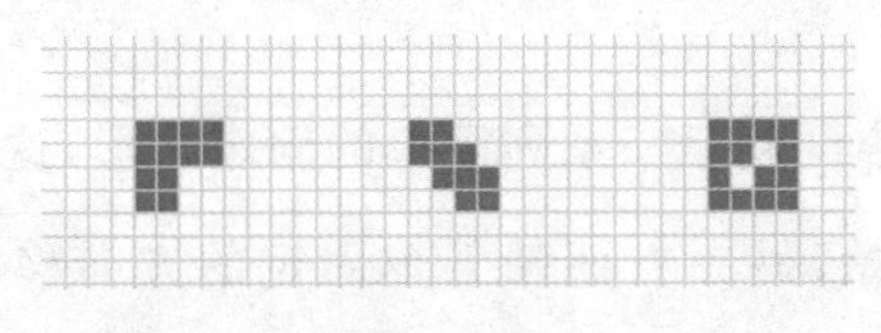

图 7.5.14

像例 1 中的 $k=6$ 的情形,既不如 $k=3,4$ 来得孤单,也不比 $k=7,8$ 更加拥挤,然而竟然很快灭绝了,足见“生命”现象的“神秘莫测”。

在后文“天外来客”中,读者还将看到：原本一个平和稳定的群体,仅仅由于一个外来细胞的“入侵”,竟也导致灭绝。

(2) 平稳型

“生命”群体的平稳是指：自初始状态开始,经过一定时间的运行后,细胞空间的图案,趋于一个平稳的构形,每一个细胞处于固定状态。不随时间变化而变化。就像例 1 中 $k=4,7,8$ 那样。

图 7.5.15 是一些很常见的小巧的平稳型图案：

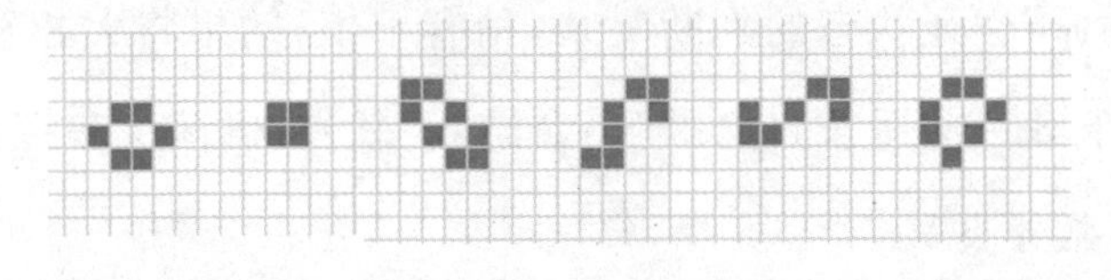

图 7.5.15

(3) 周期型

周期型的“生命”群体,大致可分为两类：

一类是经过一定时间运行后,细胞空间趋于一系列简单的固定构形,这些构形以周期 T(常数)周而复始。就像图 7.5.16 及例 1 的 $k=3(T=2)$, $k=5(T=2)$那样。

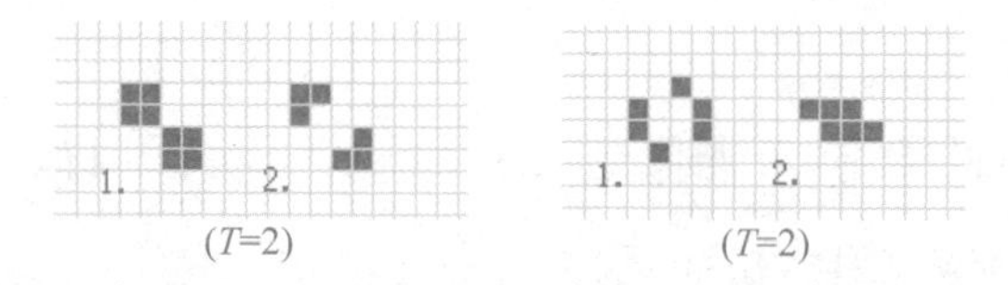

图 7.5.16

另一类是细胞空间趋于一系列简单的固定构形，这些构形一方面以周期 T(常数)周而复始，另一方面朝某个固定的方向移动。就像例 2 中的“滑翔机”($T=3$)和“舰船”($T=4$)那样。

(4) 混沌型

就像例 3(2)那样，经过若干时间演绎运行，“生命”群体的图案，依然表现为非周期的混沌。

(5) 复杂型

就像例 3(1)及后面将提到的“高射机枪”和“喷气飞机”那样，出现复杂的局部结构或局部的混沌，其中有些会不断地传播。

上面的例子，大多比较简单，所以我们有意识更多地用图示列出演化的步骤，以便于读者初学游戏的规则时，有所借鉴和参照。

然而，下面所介绍的经典“生命游戏”，其演化很难分析。其步骤繁多，以及对众“生命”生死状态的判断复杂，稍有不慎，结果将大相径庭。(建议读者从网上下载一些适合自己的“生命游戏”软件，供演练和探索。)

(1)“劳燕分飞”

如图 7.5.17 所示，在经过大约 10 次的演化后，分成两组，每组 3 只，分别向东北和西南方向飞去。在计算机的屏幕上，各组 3 只“鸟”，像一行大雁，振翅飞翔，令人叹为观止！

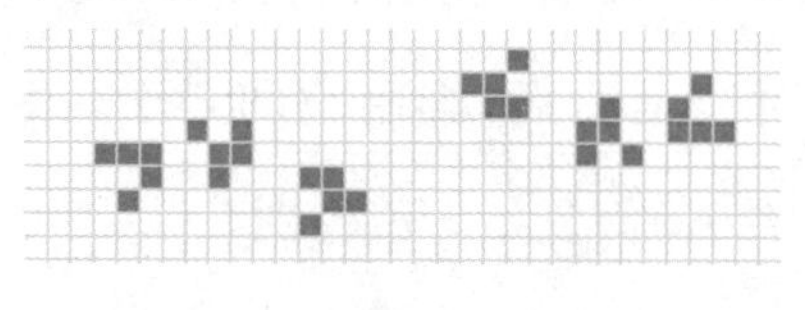

图 7.5.17

(2)“同归于尽”

“生命”群体的初始状态如图 7.5.18(a)。两个“滑翔机”最初位于网格盘的两角。运行至第 12 步时,双方开始接近,但并未正面接触,旋即试图摆脱对方的影响,然为时已晚,终在第 24 步“同归于尽”。

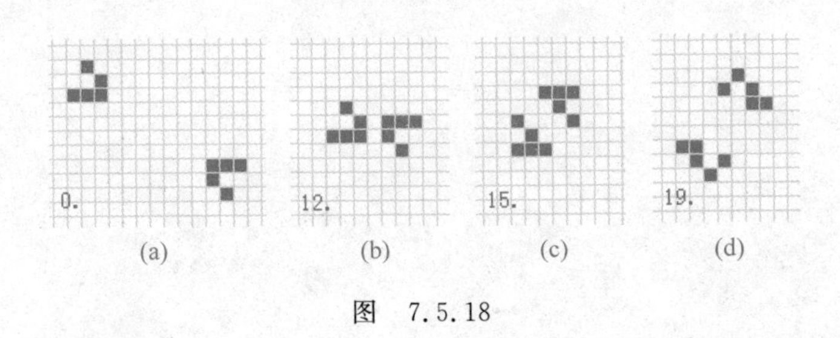

图 7.5.18

(3)“天外来客”

“生命”群体的初始状态如图 7.5.19(a)。“地球”上(网格盘的右下方)的“生命”,在前 34 步都平静地生活着。然而,在表面的平静下,却潜伏着危险:左上方的“滑翔机”,载着“天外来客”正悄然靠近……

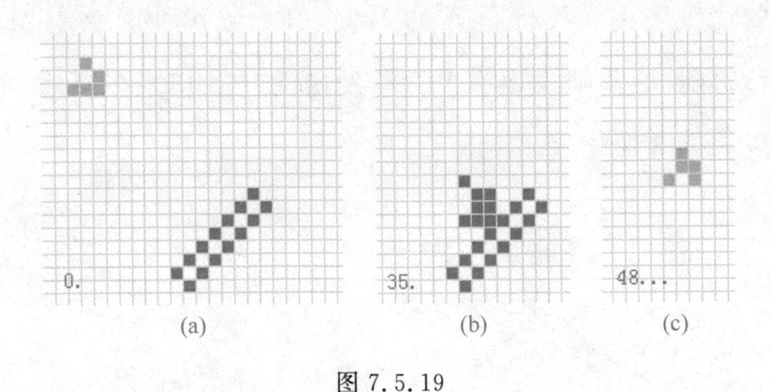

图 7.5.19

第 35 步,“天外来客”开始与“地球”上的“生命”接触;至第 48 步,“天外来客”乘“滑翔机”向右上方离去。然而,此时“地球”上的“生命”却因之消失。

(4)“高射机枪”

初始状态如图 7.5.20(a)所示,经过 16 步运作后开始向天空(左上 45°方向)发射第一颗炮弹。此后,每隔 30 步,就继续发射一颗;连绵不绝，蔚为壮观！

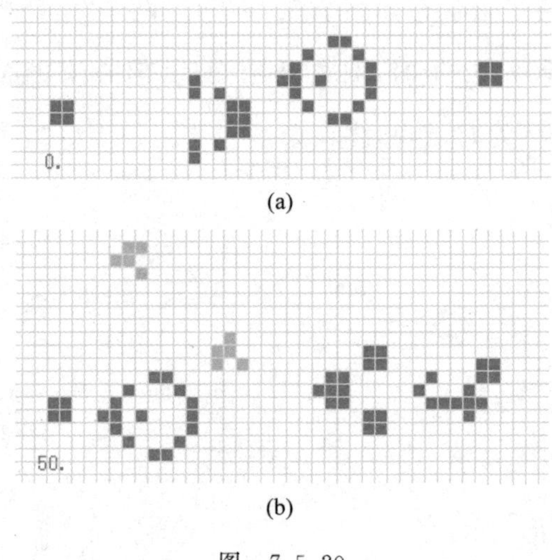

(a) (b)

图 7.5.20

(5)“喷气飞机”

初始状态如图7.5.21(a)所示，在计算机上运作时，可见“飞机”由东向西以极快的速度飞去。飞行至第63步时，开始喷出如图7.5.21(b)的“气团”。之后，每隔32步喷发出一个。喷发出的“气团”留在原地。“气团”自身的形状以周期3变化着。

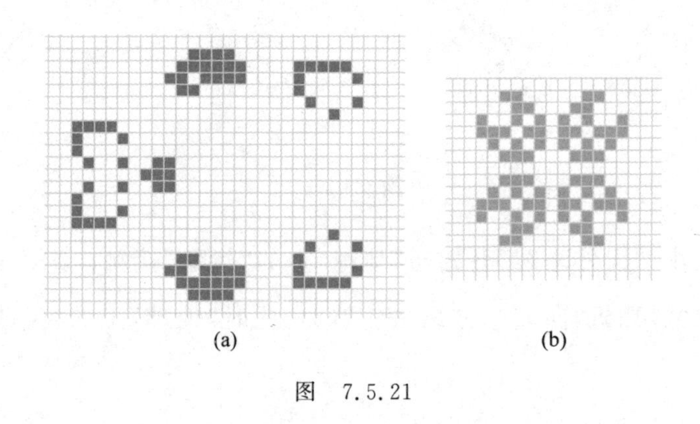

(a) (b)

图 7.5.21

在生命游戏中，细胞所占据的二维网格，我们也称“胞腔”。显然，不同胞腔的设计、邻居的界定、规则的设置，表现出的则为全然不同的游戏模型，如：

例 1 “交通流模型”。

某个位置(胞腔)的交通状态有两种：“有车”和“无车”。有车者涂黑，无车者涂白(空)。

该模型的规则设置是，某时刻的“前面”“本位”“后面”3 个状态变量，决定该位置下一时刻状态。由于每个变量的状态有“黑”“白”两种，所以 3 个变量共有 2×2×2=8 种组合。每一种组合，都可按对应规则得到一个相应的模型。例如，由图 7.5.22 的对应规则：

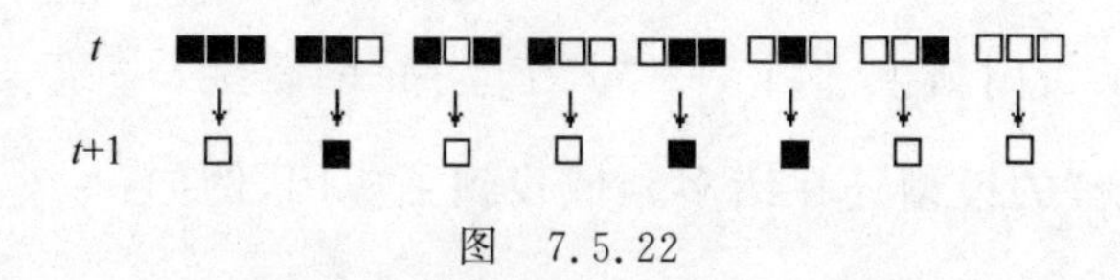

图 7.5.22

即可得到一个确定的“交通流模型”。

例 2 “森林火灾模型”。

胞腔的状态不止“生”与“死”两种，而是有 4 种状态(图 7.5.23)：

“0”——代表无森林；

“1”——代表未燃森林；

“2”——代表正在燃烧的森林；

“3”——代表已经燃烧过的森林。

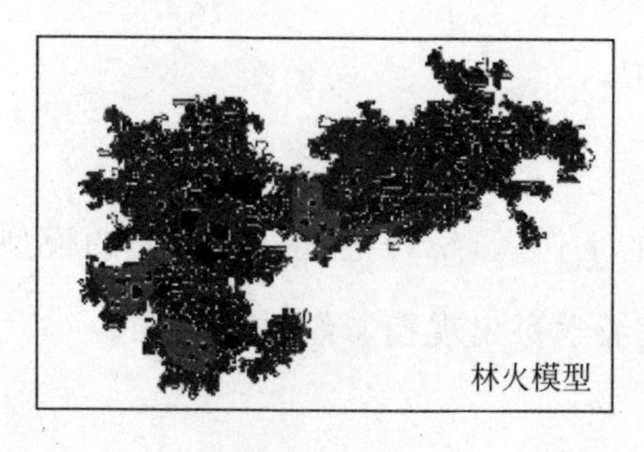

图 7.5.23

假设：S^t 为 t 时刻某胞腔的状态；S^{t+1} 为 $t+1$ 时刻另一胞腔的状态；邻居的界定同“生命游戏”。

模型的规则如下：

① 若 S^t＝“0”或“3”，则 $S^{t+1}=S^t$；

② 若 S^t＝“2”，则 S^{t+1}＝“3”；

③ 若 S^t＝“1”，则 $S^{t+1}=\begin{cases}\text{“2”}, & \text{（邻居中有“2”）}\\ \text{“1”}, & \text{（其他）}\end{cases}$。

“生命游戏”具有深刻的内涵。它表明能够自身繁衍的，不一定只是有生命的东西，简单确定它的规则也可以产生复杂的后果。所以“生命游戏”的出现，催化了一门新生学科——“人工生命”的诞生。

“生命游戏”的模型还在诸多领域找到了应用，例如：

火山爆发的模拟；

地质结构造运动的模拟；

食品变质作用的模拟；

城市交通流的模拟；

森林火灾的模拟；

流体运动的模拟；

土地利用的模拟；

城市增长的模拟；

人口变化的模拟；

……

许多不同专业的工作者，纷纷把“生命游戏”的模型引进他们各自研究的领域，促使一些边缘学科出现精彩纷呈的局面。

6．算术中的奇事

加拿大数学家 R. 亨斯贝尔格在《数学中的智巧》中，曾提到算术中的 5 件奇事。据考证，这些奇事的发现，至少都有半个世纪的历史，都已获得证明。这一节我们将把这些数学迷幻世界中的珍奇，介绍给读者共赏！

(1) 刘维尔的发现

1842年，法国数学家刘维尔(Liouville)发现了一个令人惊奇的步骤，按照这个步骤，可以从一个整数生成另一个正整数集合(简称刘维尔集)，这一集合中元素的立方和等于它们和的平方。

刘维尔所指的步骤是这样的：先选定一个正整数 N，比如 $N=12$，它有因子$\{1,2,3,4,6,12\}$，这些因子的个数分别为$\{1,2,2,3,4,6\}$，这就是相应于12的刘维尔集，它的元素满足立方和等于和的平方：

$$1^3+2^3+2^3+3^3+4^3+6^3=(1+2+2+3+4+6)^2。$$

当 $N=P^{n-1}$ 时(P 为素数)，因子集为$\{1,P,P^2,\cdots,P^{n-1}\}$，相应的刘维尔集为$\{1,2,3,4,\cdots,n\}$。于是，我们有

$$1^3+2^3+3^3+\cdots+n^3=(1+2+3+\cdots+n)^2$$

这一公式想必读者是很熟悉的。

(2) 杜西现象

1930年，意大利数学家杜西(Ducci)发现了一个有趣的现象：

在一个圆周上任意放4个整数(如图7.6.1中16、17、29、21)，然后将相邻两个数的差的绝对值，写在圆周外。重复上面的步骤，最后必定会终止于4个数都是“0”的情形。

杜西指出：要得到4个“0”的结果，所需的步骤至多不会超过给出的数中最大数的4倍(如图7.6.1中至多需要29×4=116步)。

(3) 卡布列克运算

任意给一个自然数，将这个数的各位数字按从大到小的顺序排成一个数，减去由这些数字按从小到大顺序排列成的另一个数，得出它们的差。这样的算法步骤称为卡布列克运算。

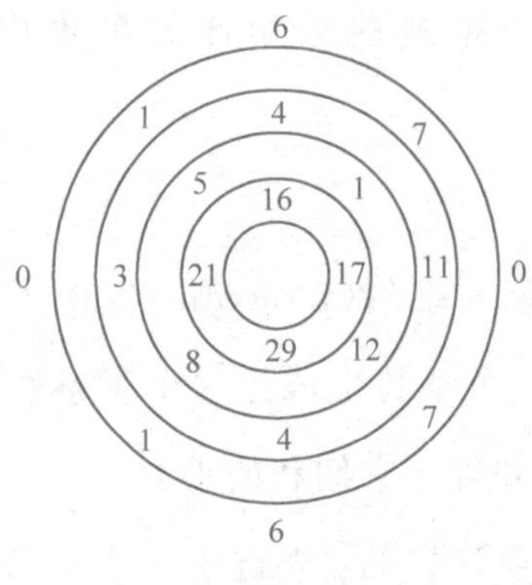

图 7.6.1

对于四位数来说，进行不多于7次的卡布列克运算，最后必然终止于一个“黑洞”数字0或6174。例如，给定数为1992，则相应的一系列卡布列克运算如下：

9921－1299＝8622

8622－2268＝6354

6543－3456＝3087

8730－0378＝8352

8532－2358＝6174

7641－1467＝6174

…

对于三位数来说，连续施行卡布列克运算，最后将终止于“黑洞”数字0或495。对于两位数，读者试一试就会明白，所得的“黑洞”数字或为0，或是一串

$$9,81,63,27,45$$

反复循环的数字，这一点可能会令读者感到有些意外！

（4）史坦因豪斯问题

1948年，波兰数学家史坦因豪斯（Steinhaus）在《数学》杂志上开始刊登一系列旨在扩大中学生知识面的问题。这些问题于1961年汇编为《一百个数学问题》出版。书中介绍了关于数的一个有趣性质：

任意写出一个自然数(如 2583),计算这个数的各位数字的平方和(例中 $2^2+5^2+8^2+3^2=102$),再求所得数的各位数字的平方和(例中 $1^2+0^2+2^2=5$),如此等等。一再重复上述步骤,我们可以得到一个数的序列。那么,所得的序列要么出现数 1 的循环,要么出现

4,16,37,58,89,145,42,20

8 个数的循环链。

读者不难算出题例中 2583 相应的序列是

2583,102,5,25,29,85,89,145,42,20,4,16,37,58,89,…

从第一次出现“89”起,便进入循环链!

(5) 辛答拉姆筛法

素数的筛法,最早是由古希腊数学家埃拉托色尼(Eratosthenes)于公元前 3 世纪提出的。多少世纪以来,这一古老的筛法始终是人们编造素数表的主要依据,最多只是略加改进而已。

令人诧异的是,1938 年,一名年轻的东印度学生辛答拉姆,提出了一种与埃拉托色尼迥然不同的筛法。辛答拉姆首先列出了一张表:

	1	2	3	4	5	6	7	8	…
1	4	7	10	13	16	19	22	25	…
2	7	12	17	22	27	32	37	42	…
3	10	17	24	31	38	45	52	59	…
4	13	22	31	40	49	58	67	76	…
5	16	27	38	49	60	71	82	93	…
⋮	⋮			⋮					⋮

这张表的第一行和第一列都是首项为 4,公差为 3 的等差数列。从第二行开始,以后各行也都是等差数列,但公差分别为 5,7,9,11,13,…

辛答拉姆发现:若数 N 出现在这个表中,那么 $2N+1$ 不是素数;如果 N 不出现在这张表中,那么 $2N+1$ 必为素数。有兴趣的读者可以找几个数代进去试试!

7. “洗牌”与数学

“洗牌”的数学，是数学的又一迷幻世界。

所谓“洗牌”，通常有两种方法：一种是“A、B—洗牌”；另一种是“完全的 N—洗牌”。

(1) A、B—洗牌

“A、B—洗牌”一般是对于有限($2n$)张牌而言。为了便于理解，我们通常以“$n=26$”为例。即一副牌共有 52 张，这与人们所玩的扑克牌张数吻合。

“A、B—洗牌”又分为“A—洗牌”和“B—洗牌”两类。把 $2n$ 张牌分成上、下两半叠，每叠 n 张，如下($n=26$)：

上半叠牌：　1,2,3,…,24,25,26。

下半叠牌：　27,28,29,…,50,51,52。

将下半叠的牌，一张隔一张地插到上半叠的牌中去，变成：

→ 1,27,2,28,3,29,…,24,50,25,51,26,52。

这样的洗牌操作，通称“A—洗牌”。A—洗牌的一个特征是上半叠的第一张牌，在洗牌后依然位于全副牌的第一张。

将上半叠的牌一张隔一张地插到下半叠的牌中去，变成：

→ 27,1,28,2,29,3,…,50,24,51,25,52,26。

这样的洗牌操作，通称“B—洗牌”。B—洗牌的一个特征是下半叠的第一张牌，在洗牌后依然位于第一张。

在一般的洗牌技艺中，“A—洗牌”和“B—洗牌”往往交叉着连用。如，ABA：表示先用“A—洗牌”，接着用“B—洗牌”，最后再用“A—洗牌”。如下：

1,2,3,…,24,25,26；27,28,29,…,50,51,52。

→ 1,27,2,…,38, 13,39；14,40,15,…,51,26,52。

→ 14,1,40,…,32,20,7；46,33,21,…,13,52,39。

→ 14,46,1,…,10,17,49；4,36,43,…,52,7,39。

读者在这里可以看到，只洗 3 次，牌的顺序已然令人眼花缭乱。而我们正是要在这种纷乱之中，寻找一般性的规律。

(2) 完全的 N—洗牌

一次“完全的 N—洗牌”(简称“N—洗牌”)是指：一副张数为无限的牌，取这副牌的上面 n 张牌，并把它们一张隔一张地插到紧接在其下的 n 张牌中去。容易看出，这种洗牌操作，从第$(2n+1)$张牌起，原先的牌序不会改变。

例如，对一副自然顺序的牌，执行一次“5—洗牌”(即 $N=5$)，结果变成：

1,2,3,4,5,6,7,8,9,10,11,12,13,14,15,…

→ 6,1,7,2,8,3,9,4,10,5；11,12,13,14,15,…

其中，“11”和它之后的原先牌序没有改变。

在洗牌技艺中，“N—洗牌”本身没有太多新意。但如果执行一系列洗牌：即首先是一次“1—洗牌”，接着一次“2—洗牌”，再接着一次“3—洗牌”，如此等等(简称“系列 N—洗牌”)。那么，我们将会发现许多令人意想不到的东西。

为今后的叙述方便，我们用“k”表示某牌牌面上的数字，用[X♯] 表示某牌位于整副牌的第 X 张，而用[X♯]$^{\vee}$“k”(或“k”$^{\vee}$[X♯])表示一副牌，第 X 张牌面上的数字为 k(或牌面上的数字为 k 的牌，位于整副牌的第 X 张)。例如：

[1♯]$^{\vee}$“8”表示第 1 张牌牌面上的数字为 8；

“1”$^{\vee}$[8♯]表示牌面上数字为 1 的牌，是第 8 张牌。

(3) [1♯]→[X♯]

记号[1♯]→[X♯]是指将位于第 1 张的牌，通过洗牌操作，调到第 X 张。由于“A—洗牌”的操作，保持第 1 张的牌位置不变，所以我们先只讨论“B—洗牌”。

实际操作一下，不难得到以下结果：

```
B:          [1#]→[2#]
BB:              →[4#]
BBB:             →[8#]
BBBB:            →[16#]
BBBBB:           →[32#]
BBBBBB:          →[64#]=[11#]
BBBBBBB:                →[22#]
BBBBBBBB:               →[44#]
BBBBBBBBB:              →[88#]=[35#]
BBBBBBBBBB:                    →[70#]=[17#]
BBBBBBBBBBB:                          →[34#]
BBBBBBBBBBBB:                         →[68#] =[15#]
 …
```

（式 7.7.1）

事实上，容易理解：当实施一次“B—洗牌”时，原先上半叠位于[X＃]的牌，变换到位置[$2X$＃]。而原先下半叠位于[X＃]的牌，变换到位置[$2X$＃]＝[$(2X-53)$＃]。由于超出了全副牌的张数($2n$，例中 52)，客观上并不存在。而其变换后实际位置，为等价的[$(2X-53)$＃](一般为[$(2X-2n-1)$＃])。

根据这种规律，我们可以把式 7.7.1 延续下去：

```
  [1#]→[2#] →[4#] →[8#] →[16#] →[32#] →[64#]
= [11#] →[22#] →[44#] →[88#]
= [35#] →[70#]
= [17#] →[34#] →[68#]
= [15#] →[30#] →[60#]
= [7#] →[14#] →[28#] →[56#]
= [3#] →[6#] →[12#] →[24#] →[48#] →[96#]
= [43#] →[86#]
= [33#] →[66#]
= [13#] →[26#] →[52#]→[104#]
= [51#] →[102#]
= [49#] →[98#]
= [45#] →[90#]
= [37#] →[74#]
= [21#] →[42#]→[84#]
= [31#] →[62#]
= [9#] →[18#] →[36#]→[72#]
= [19#] →[38#] → [76#]
= [23#] →[46#] → [92#]
= [39#] → [78#]
= [25#] →[50#] → [100#]
= [47#] →[94#]
= [41#] →[82#]
= [29#] →[58#]
= [5#] →[10#] →[20#] →[40#]→[80#]
= [27#] →[54#]
= [1#]
```

（式 7.7.2）

从式 7.7.1 读者可以看出：经过 52 次的“B—洗牌”后，原先的第 1 张牌，在历经所有的位置（这一点可以从表中逐一列出）之后，又回到了第 1 张牌的位置。

事实表明：

【结论 1】 通过反复的“B—洗牌”，可以把第 X 张牌洗到该副牌的第 Y 张。即

$[X\#]\rightarrow[Y\#]$

事实上，根据式 7.7.1 不难通过 p 次和 q 次“B—洗牌”做到：

$[X\#]\rightarrow[1\#]$，$[1\#]\rightarrow[Y\#]$。

这样，通过 $(p+q)$ 次“B—洗牌”就能做到：

$[X\#]\rightarrow[Y\#]$

【结论 2】 假定一副牌经一次“B—洗牌”后

$$[Y\#]\rightarrow[X\#]$$

则有：如果 X 为偶数，则它在洗牌前的位置是 $[(X/2)\#]$；如果 X 为奇数，则它在洗牌前的位置是 $[((X+53)/2)\#]$。即

$$Y=\begin{cases}\dfrac{1}{2}X, & \text{当 } X \text{ 为偶数}\\[2ex] \dfrac{1}{2}(X+53), & \text{当 } X \text{ 为奇数}\end{cases}$$

上述结论，实际上是式 7.7.1 构造的逆向思考。

【结论 3】 任何一副牌，经 52 次“B—洗牌”后，必然恢复到原有的牌序。

事实上，从式 7.7.1 中可以看出：

$$[1\#]\xrightarrow{(52\text{ 次 B— 洗牌})}[1\#]$$

其他的牌号，随 $[1\#]$ 的重现，也以 52 为周期周而复始。

例 1 试指出，如何通过系列的“B—洗牌”，将第 3 张牌洗到第 52 张牌

的位置。

解：根据“B—洗牌”的规律，有

$$
\begin{aligned}
&[3\#] \to [6\#] \to [12\#] \to [24\#] \to [48\#] \to ([96\#]) \\
&\quad = [43\#] \to ([86\#]) \\
&\quad = [33\#] \to ([66\#]) \\
&\quad = [13\#] \to [26\#] \to [52\#]
\end{aligned}
\qquad \text{（式 7.7.3）}
$$

（4）A—洗牌、B—洗牌联用

从式 7.7.1 可以看出，单用“B—洗牌”，虽说可以将某一张牌，调到你所需要的位置，但往往需要洗牌的次数很多。但如若将 A—、B—两种洗牌联用，情况就有很大的改观。事实上，我们有以下的结论：

【结论 4】 若 A—、B—两种洗牌联用，要把第 1 张牌洗到一副牌的任何位置。所需用的洗牌总次数将小于 7。

事实上，我们能够逐一列出联用洗牌的操作：

（式 7.7.4）

A:	[1#]→[1#]	△ = 1−1 = 0；
B:	[1#]→[2#]	△ = 2−1 = 1；
BA:	[1#]→[3#]	△ = 3−1 = 2；
BB:	[1#]→[4#]	△ = 4−1 = 3；
BAA:	[1#]→[5#]	△ = 5−1 = 4；
BAB:	[1#]→[6#]	△ = 6−1 = 5；
BBA:	[1#]→[7#]	△ = 7−1 = 6；
BBB:	[1#]→[8#]	△ = 8−1 = 7；
BAAA:	[1#]→[9#]	△ = 9−1 = 8；
BAAB:	[1#]→[10#]	△ = 10−1 = 9；
BABA:	[1#]→[11#]	△ = 11−1 = 10；
BABB:	[1#]→[12#]	△ = 12−1 = 11；
BBAA:	[1#]→[13#]	△ = 13−1 = 12；
BBAB:	[1#]→[14#]	△ = 14−1 = 13；
BBBA:	[1#]→[15#]	△ = 15−1 = 14；
BBBB:	[1#]→[16#]	△ = 16−1 = 15；
BAAAA:	[1#]→[17#]	△ = 17−1 = 16；
BAAAB:	[1#]→[18#]	△ = 18−1 = 17；
BAABA:	[1#]→[19#]	△ = 19−1 = 18；
BAABB:	[1#]→[20#]	△ = 20−1 = 19；
BABAA:	[1#]→[21#]	△ = 21−1 = 20；
BABAB:	[1#]→[22#]	△ = 22−1 = 21；
BABBA:	[1#]→[23#]	△ = 23−1 = 22；

BABBB: [1#]→[24#] △ = 24－1 = 23 ;
BBAAA: [1#]→[25#] △ = 25－1 = 24 ;
BBAAB: [1#]→[26#] △ = 26－1 = 25 ;
BBABA: [1#]→[27#] △ = 27－1 = 26 ;
BBABB: [1#]→[28#] △ = 28－1 = 27 ;
BBBAA: [1#]→[29#] △ = 29－1 = 28 ;
BBBAB: [1#]→[30#] △ = 30－1 = 29 ;
BBBBA: [1#]→[31#] △ = 31－1 = 30 ;
BBBBB: [1#]→[32#] △ = 32－1 = 31 ;
BAAAAA: [1#]→[33#] △ = 33－1 = 32 ;
BAAAAB: [1#]→[34#] △ = 34－1 = 33 ;
BAAABA: [1#]→[35#] △ = 35－1 = 34 ;
BAAABB: [1#]→[36#] △ = 36－1 = 35 ;
BAABAA: [1#]→[37#] △ = 37－1 = 36 ;
BAABAB: [1#]→[38#] △ = 38－1 = 37 ;
BAABBA: [1#]→[39#] △ = 39－1 = 38 ;
BAABBB: [1#]→[40#] △ = 40－1 = 39 ;
BABAAA: [1#]→[41#] △ = 41－1 = 40 ;
BABAAB: [1#]→[42#] △ = 42－1 = 41 ;
BABABA: [1#]→[43#] △ = 43－1 = 42 ;
BABABB: [1#]→[44#] △ = 44－1 = 43 ;
BABBAA: [1#]→[45#] △ = 45－1 = 44 ;
BABBAB: [1#]→[46#] △ = 46－1 = 45 ;
BABBBA: [1#]→[47#] △ = 47－1 = 46 ;
BABBBB: [1#]→[48#] △ = 48－1 = 47 ;
BBAAAA: [1#]→[49#] △ = 49－1 = 48 ;
BBAAAB: [1#]→[50#] △ = 50－1 = 49 ;
BBAABA: [1#]→[51#] △ = 51－1 = 50 ;
BBAABB: [1#]→[52#] △ = 52－1 = 51 。

式 7.7.4 右边的“△”等于左边目标“牌位数减 1”。

为了探求式 7.7.4 的构造规律，我们把左边“操作栏”的“A”和“B”，分别用“0”和“1”来替换，并把替换后的数看成是在二进制下的数。那么，读者很容易发现，它实际上与“△”完全雷同(式 7.7.5)。

B: △ = 1 0000001 = 1;
BA: △ = 2 0000010 = 2;
BB: △ = 3 0000011 = 3;
BAA: △ = 4 0000100 = 4; (式 7.7.5)
BAB: △ = 5 0000101 = 5;
BBA: △ = 6 0000110 = 6;
BBB: △ = 7 0000111 = 7;

BAAA： △ = 8 0001000 = 8；
BAAB： △ = 9 0001001 = 9；
BABA： △ = 10 0001010 = 10；
BABB： △ = 11 0001011 = 11；
BBAA： △ = 12 0001100 = 12；
BBAB： △ = 13 0001101 = 13；
BBBA： △ = 14 0001110 = 14；
BBBB： △ = 15 0001111 = 15；
BAAAA： △ = 16 0010000 = 16；
BAAAB： △ = 17 0010001 = 17；
BAABA： △ = 18 0010010 = 18；
BAABB： △ = 19 0010011 = 19；
BABAA： △ = 20 0010100 = 20；
BABAB： △ = 21 0010101 = 21；
BABBA： △ = 22 0010110 = 22；
BABBB： △ = 23 0010111 = 23；
BBAAA： △ = 24 0011000 = 24；
BBAAB： △ = 25 0011001 = 25；
BBABA： △ = 26 0011010 = 26；
BBABB： △ = 27 0011011 = 27；
BBBAA： △ = 28 0011100 = 28；
BBBAB： △ = 29 0011101 = 29；
BBBBA： △ = 30 0011110 = 30；
BBBBB： △ = 31 0011111 = 31；
BAAAAA： △ = 32 0100000 = 32；
BAAAAB： △ = 33 0100001 = 33；
BAAABA： △ = 34 0100010 = 34；
BAAABB： △ = 35 0100011 = 35；
BAABAA： △ = 36 0100100 = 36；
BAABAB： △ = 37 0100101 = 37；
BAABBA： △ = 38 0100110 = 38；
BAABBB： △ = 39 0100111 = 39；
BABAAA： △ = 40 0101000 = 40；
BABAAB： △ = 41 0101001 = 41；
BABABA： △ = 42 0101010 = 42；
BABABB： △ = 43 0101011 = 43；
BABBAA： △ = 44 0101100 = 44；
BABBAB： △ = 45 0101101 = 45；
BABBBA： △ = 46 0101110 = 46；
BABBBB： △ = 47 0101111 = 47；
BBAAAA： △ = 48 0110000 = 48；
BBAAAB： △ = 49 0110001 = 49；
BBAABA： △ = 50 0110010 = 50；
BBAABB： △ = 51 0110011 = 51。

式 7.7.5 实际上为我们提供了，把第 1 张牌洗到一副牌的任何位置的具体方法。下面我们将通过例子予以说明。

例 2 试指出，如何通过“A—洗牌、B—洗牌”联用，将第 1 张牌洗到第 38 张牌的位置。

解：操作步骤如下：

(1) 求△：△＝38－1＝37；

(2) 把所求的△改写为二进制数：

37＝100111(2)；

(3) 把所求二进制数的“0”“1”分别改为“A”“B”；

100101(2) → BAABAB。

所求的“BAABAB”，即为将第 1 张牌洗到第 38 张牌位置的操作顺序。这个结果也可以从式 7.7.5 直接查出。

用“B—洗牌”的规律，可以很容易把任何位置的一张牌洗到最前面的一张(见例 1)，但操作的次数可能相应较多。而利用“A—洗牌、B—洗牌”联用，操作的次数可以减少到 7 次之内，但比较复杂。我们将通过例 3 予以介绍。

例 3 试指出，如何通过“A—洗牌、B—洗牌”联用，将第 7 张牌洗到第 1 张牌的位置。

解：根据“A—洗牌”和“B—洗牌”规律，可得式 7.7.6：

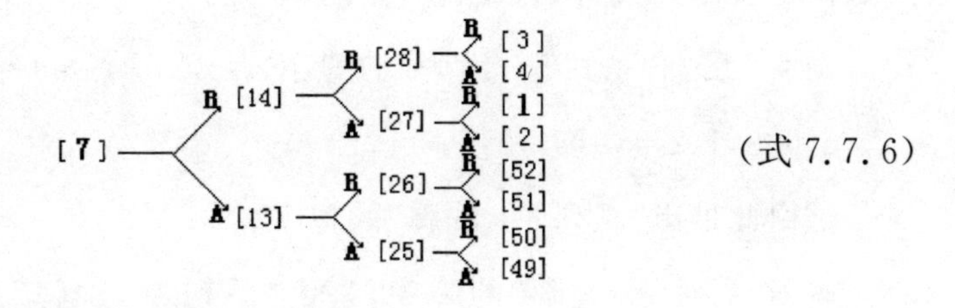

(式 7.7.6)

注意到每一相应列的牌号基本上是连续的，如本题中左起第二列的 13～14；第三列的 25～28；第四列的 49～52，1～4(53～56)；等等。由于从第二列起，每一列的牌号都比前面一列的牌号多一倍，所以在实际操作时，在6次之内(因为$52<2^6$)必然可以找到目标牌的位置(本题为[1#])。事实上，从式7.7.6中可以看出：

$$[7\#]\xrightarrow{\text{(BAB-洗牌)}}[1\#]$$

即BAB—洗牌，可将第7张牌洗到第1张。

在上一节我们看到，通过“B—洗牌”或“A—洗牌、B—洗牌”联用后，可以把任何一张牌洗到第1张牌的位置。但对于系列N—洗牌，情况则相当不明朗，甚至是否任意一张牌都可以系列N—洗牌，洗到该牌的最前面(第1张)，至今依然是猜想。这一点，从下面前几次($N=1,2,3,\cdots$)系列N—洗牌给出的牌序，便能看出一些端倪：

0） **1, 2 , 3 , 4, …**
1） **2, 1 ; 3 , 4, 5 , …**
2） **3, 2 , 4 , 1; 5 , 6, …**
3） **1, 3 , 5 , 2, 6 , 4; 7, 8, …**
4） **6, 1 , 4 , 3, 7 , 5, 8, 2; 9, 10, …**
5） **5, 6, 8, 1 , 2, 4 , 9, 3, 10, 7; 11, 12, …**
6） **9, 5, 3, 6, 10, 8, 7, 1 , 11, 2, 12, 4 ; 13, 14, …**
7） **6, 9, 11, 5, 2, 3, 12, 6, 4, 10, 13, 8, 14, 7; 15, 16, …**
8） **4 , 1, 10, 9, 13, 11, 8, 5, 14, 2, 7, 3, 15, 12, 16, 6; 17, 18, …**
9） **2, 4 , 7, 1, 3, 10, 15, 9, 12, 13, 16, 11, 6, 8, 17, 5, 18, 14; 19. 20. …**
… … …

(式7.7.7)

式7.7.7无疑可以无限地延续下去。表中各行的第1个数字，即原始牌(0)中经洗牌后被调到开头一张的牌号。

例4 已知“系列5—洗牌”的牌序：

5,6,8,1,2,4,9,3,10,7；11,12,…

试由此推出“系列6—洗牌”的牌序。

解：“系列6—洗牌”的牌序，是由“系列5—洗牌”的牌序再进行一次“6—洗牌”而得。先不考虑前面的“系列5—洗牌”，直接考虑原始牌(0)经单一的“6—洗牌”后的牌序：

1, 2, 3, 4, 5, 6, 7, 8, 9, 10, 11, 12, …
(*) 7, 1, 8, 2, 9, 3, 10, 4, 11, 5, 12, 6; 13, 14, … （式 7.7.8）

由于已知的“系列 5—洗牌”，原始牌(0)中的前 10 个数字是

1, 2, 3, 4, 5, 6, 7, 8, 9, 10;
↓ ↓ ↓ ↓ ↓ ↓ ↓ ↓ ↓ ↓ （式 7.7.9）
5, 6, 8, 1, 2, 4, 9, 3, 10, 7;

将它替换入(*)列，即得所求的“系列 6—洗牌”的牌序：

9, 5, 3, 6, 10, 8, 7, 1, 11, 2, 12, 4; 13, 14, … （式 7.7.10）

为了进一步深入探讨，我们不妨把前 100 个被调到头一张的牌号依序罗列，如式 7.7.11 所示：

[2] [3] [1] [6] [5] [9] [1] [4] [2] [16]
[10] [12] [14] [23] [16] [18] [20] [17] [27] [30]
[33] [38] [10] [14] [37] [32] [6] [11] [19] [53]
[37] [25] [21] [12] [34] [38] [8] [50] [48] [46]
[14] [18] [23] [47] [53] [84] [52] [31] [49] [1]
[51] [91] [61] [42] [79] [4] [29] [6] [49] [26]
[23] [115] [4] [70] [93] [109] [11] [16] [19] [49]
[18] [124] [97] [70] [10] [134] [111] [7] [38] [14]
[79] [11] [129] [131] [157] [107] [123] [117] [96] [94]
[72] [29] [1] [178] [86] [93] [35] [121] [141] [52]

（式 7.7.11）

从式 7.7.11 中不难发现：在头一行的 10 个数中，数字“1”和数字“2”各出现了两次；数字“3”“4”“5”“6”和“9”都已出现；但数字“7”和“8”却姗姗来迟：数字“8”要到第 37 位才出场；数字“7”则更迟至第 78 位才露脸。

通过计算机可以使我们眼光看得更远：

在数字“39”之前，总体尚属平稳。但数字“39”要洗 13932 次牌才会浮到最上面。

数字“42”只需洗 54 次牌；而数字“43”，却要洗 30452 次牌。

数字“53”只需洗 30 次牌。但与它比邻的数字“54”，却要洗 252992198

次牌！

人们检测了[1#]到[5000#]的所有牌，发现了3个重量级的“世界冠军”。要把它们洗到最前面，需要洗牌的次数都是天文数字。这三个数被合称为“洗牌三巨怪”。它们是

[4546]——需要洗2263846432次牌；

[3729]——需要洗15009146841次牌；

[3464]——需要洗21879255397次牌。

其余的牌，比之“三巨怪”，实可谓小菜一碟。

在计算机的探索中，“三巨怪”宛若三口深不可测的陷阱，吞噬了绝大部分的计算机时间！

有序的洗牌，竟然导致了无序的状态！如此巨大的反差，如此令人捉摸不定，它使我们感受到“系列 N—洗牌”的迷茫和混沌！

8. 吞噬人类智慧的无底洞

在数学世界里，有许多问题表面上非常简单，看后人人都会跃跃欲试，但却吞噬着无数人的智慧和心血！

下面是一个令人迷惑的问题，它曾经引起很大的轰动。许多人做过努力，但至今仍一无所获。事情是这样开始的：20世纪30年代，德国汉堡的一名学生考拉茨发现了一个奇怪现象：

任意写一个自然数，如果是奇数，将它乘以3再加上1；如果是偶数，则将它除以2。反复照此办理，之后便会出现一个有趣的现象。似乎数字掉进一个永恒的“陷阱”，最后总是出现

$$4,2,1,4,2,1,4,2,1,\cdots$$

例如，写出的自然数 $N=11$。这是奇数，把它乘以3加上1得34；34是偶数，把它除以2得17；这17又是奇数，又要乘以3加上1得52；如此

等等,以下依次得到:

$$26,13,40,20,10,5,16,8,4,2,1,4,2,1,\cdots$$

最后的数,落入“4,2,1”的循环中。

20 世纪 50 年代,上述问题曾经风靡美国,有一个时期芝加哥大学和耶鲁大学几乎人人都在研究这个问题,但同样毫无结果。有人甚至怀疑这是减缓美国数学研究进程的真正陷阱!这个问题在日本被称为“角谷猜想”,它是由日本著名数学家角谷静夫带回日本的。

角谷猜想目前已用电子计算机验证到了 7×10^{11},没有发现反例,但这与真理仍然相距十万八千里。在数学上它依旧是一个吞噬人类智慧的无底洞!

另一个仍吞噬着青少年智慧的猜想与“完全数”有关。“完全数”的概念是公元前 4 世纪古希腊数学家柏拉图最先提出的。柏拉图在他的著作《理想国》中,对“完全数”作了如下定义:自然数 n,它的所有不等于自身的因子和等于 n。

完全数在自然数中非常稀少,从柏拉图起到目前为止,古今中外的数学家总共只找到 50 多个。完全数中的前几个是

$$6,28,496,8128,33550336,\cdots$$

目前已知的最大完全数为

$$2^{82589932}(2^{82589933}-1)$$

这一长达 49724095 位的大数,是美国人帕特里克·罗什于 2018 年年底发现的。

上面所讲的那个与完全数有关的猜想是这样表述的：若 $f(n)$代表正整数 n 的除本身之外的所有因子之和。那么以下的(＊)序列：

$$n, f(n), f(f(n)), \cdots \quad (*)$$

必将终止于1,或形成某个数的循环,或形成某个循环链。

例如,$n=10$,相应的(＊)序列为

$$10,8,7,1$$

它终止于1。

很显然,对于任何一个完全数,(＊)序列都将形成该数本身的循环。如 $n=6$,相应的(＊)序列为

$$6,6,6,6,\cdots$$

另有一类叫"亲和数"的数,它成双成对地出现。你的因子和(不含自身,下同)等于我,我的因子和等于你。第一对亲和数(220,284)是毕达哥拉斯时代发现的；第二对亲和数(17296,18416)是法国数学家费马于1636年找到的。1638年,法国数学家笛卡儿发现了第三对亲和数。1747年,瑞士数学家欧拉一下子给出了30对亲和数,1750年又扩展到62对。迄今为止,人类所发现的亲和数也只有近千对。令人意外的是：1867年,意大利一个年仅16岁的中学生帕更尼尼,偶然间发现(1184,1210)也是一对亲和数,但它却被此前包括欧拉在内的所有数学家漏掉了！

亲和数的(＊)序列形成两个数的循环。例如 $n=220$,其(＊)序列为

$$220,284,220,284,\cdots$$

更加蔚为壮观的是,大自然中存在这样的数组：甲的因子和为乙,乙的因子和为丙,丙的因子和为丁,…,丁的因子和为甲,形成链状循环,这样的数称为"交连数"。例如

$$12496,14288,15472,14536,14264$$

便是5串的交连数。它是法国数学家普莱于1918年发现的。交连数组更

为稀少，1969 年以前人们总共只知道两组，时至今日，也只不过找到十几组，而且多半是 4 串的。3 串的交连数组至今还没有发现！

交连数的（*）序列也像亲和数那样形成交连数组间的循环。不过，除亲和数和交连数外，其他数的（*）序列必将终止于 1 的猜想，至今仍未获得证明。人们已经用计算机对几十亿之内的数进行检验，没有发现例外。

类似前面讲到的猜想，在数学的迷幻世界还有不少。需要强调指出的是：不少青少年学生小看了这些问题，把自己大量的时间和精力，花费在徒劳无功的验证和不着边际的思考上，这是令人惋惜的！可以毫不夸大地说，一些著名的猜想，经过时间的洗礼而能够留到今天的，都不是“三下五除二”所能解决的。要征服它们，一般需要很多的知识。所以希望青少年朋友，在目前打基础阶段，不要把自己宝贵的时间和精力，白白地投入到那些吞噬人类智慧的无底洞中！

八、人类征服空间的典范

1. 从平面想象空间

从平面想象空间，这是人类征服空间所表现出的伟大智慧！

为了在二维的平面上表示出三维的空间物体，人们常用投影的方法，把物体从不同的方向投射到平面上，然后通过这些平面的图形，去想象空间的立体。在一般情况下，为了表达某个物件的长、宽、高3个方向的形状和大小，只要画出它们的3个视图也就够了。这相当于将物件置于3个互相垂直投影面体系中，分别向3个投影面作正投影，其正面投影为主视图，水平投影为俯视图，侧面投影为侧视图。

图8.1.1是一件构思精妙的木工制品，上下两个零件以“栓牙”的方式，咬合得天衣无缝。该件制品曾在某国外发明博览会上引起很大轰动。开始时人们对此并不特别关注。后来细心的观众发现：4个方向的“栓牙”都咬合得如此之紧，难以想象。他们揣摩着当初是如何组合的，现在又应如何分开。这谜一般的问题，吸引了越来越多的参观者，终于产生了意想不到的效应。后来制作者公布了它的三视图，人们终于恍然大悟！原来，上下两个零件是像左图那样的立体。

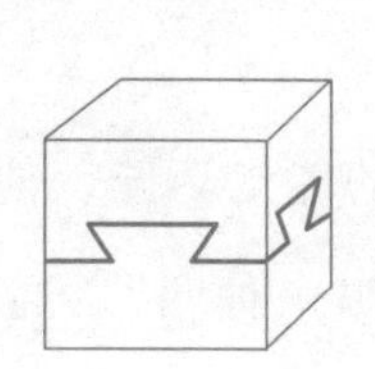

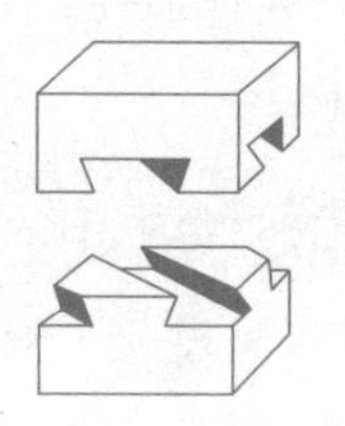

图 8.1.1

用平面想象空间的构造，真正形成一门科学，起于18世纪法国数学家加斯帕·蒙日(Gaspard Monge)。

蒙日的崭露头角出于一次偶然的事件：在法国梅齐埃尔军事学院的一次筑城学设计实习中，正当许多学生为烦琐的计算而深深苦恼的时候，蒙日则用他独创的作图方法，替代了复杂的计算，轻松地取得了结果。这件事使主持这门课程的军官大为震惊，并因此对他另眼相看。上述事件最直接的结果是，促使22岁的蒙日成为梅齐埃尔军事学院最年轻的教授。

蒙日(1746—1818)

蒙日所创立的理论，就是我们今天的“画法几何”。200多年来，它一直是一切有造诣的工程师和艺术家们学习的范本。不过，蒙日的理论和方法，在很长的一段时间内，被法国政府视为最高的军事机密。直至1794年，他才获准公开讲授自己的成果。其代表作《画法几何》也迟至1799年才得以出版。

下面是一件人类征服空间的杰作，称为“六通”。它的制作闪烁着我们中华民族的智慧光芒！

传说春秋时代的鲁国，有一名叫鲁班的能工巧匠。他为了测试一下自己的孩子是否聪颖，经过精心构思而制造出一种叫“六通”的玩具。这是6块大小一样、中段有不同镂空的正四棱柱形木块。各木块的主视图和俯视图如图8.1.2所示，但愿读者能够从平面想象出它们空间的形象。

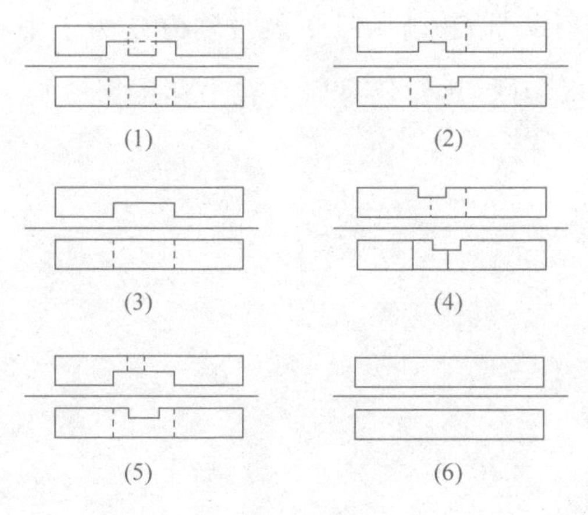

图　8.1.2

一天傍晚,鲁班把儿子叫来,要求他在第二天黎明前把“六通”那6根木块,组装成如图8.1.3所示的那样紧致、牢固的木结构!

小鲁班非常聪明,他为组装“六通”而忙碌了整整一夜。功夫不负有心人,小鲁班终于在翌晨曙光初照前,把“六通”组装好了!

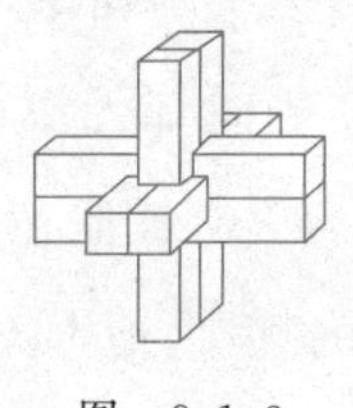

图　8.1.3

“六通”结构严密,科学性强富有立体感。在大约300万种可能的组合中只有一种组合能够取得成功。如果有人想把所有的组合都试过一遍的话,那么即使一秒钟试一种,也要夜以继日地试上一个多月。

2. 铁窗中孕育出的几何学

在数学中很难找到另一门学科,能够像射影几何那样,充满着传奇的色彩。

所谓射影指的是: 从中心 O 发出的光线投射锥,使平面 Q 上的图形

Ω,在平面 P 上获得截景 Ω'。那么 Ω' 就被称为 Ω 关于中心 O 在平面 P 上的射影(图 8.2.1)。射影几何就是研究在上述射影变换下,哪些性质保持不变的几何学。

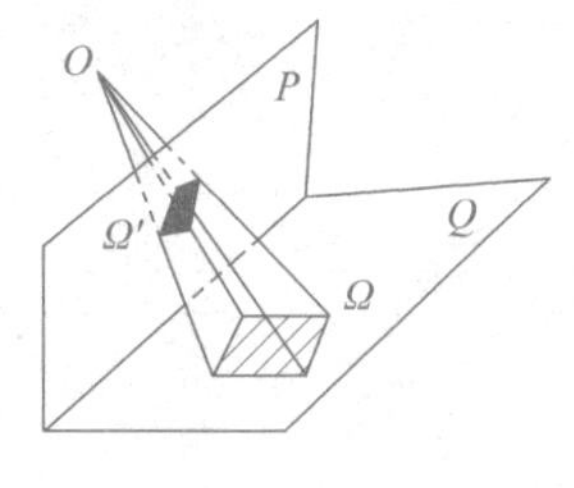

图 8.2.1

射影几何的奠基者是两位法国数学家：笛沙格和帕斯卡。不可思议的是无论是笛沙格还是帕斯卡,他们的研究成果都是经历了一段不平凡的遭遇后,才被社会承认。

笛沙格的研究是从绘画与透视的关系着手的。1636 年,笛沙格发表了《用透视表示对象的一般方法》,把绘画理论与严格的科学联系起来。然而奇怪的是：这种科学的进步,在当时却无端受到了多方面的抨击,致使笛沙格为此而愤愤不平！他公开宣告：凡能在他的方法里找到错误者,一概奖给 100 法郎；谁能提出更好的方法,他本人支付 1000 法郎。

1639 年,笛沙格在圆锥曲线的研究上取得新的突破。不料笛沙格在这方面的著作,后来竟然失传。迟至 200 年后,1845 年的一天,法国数学家查理斯在巴黎的旧书摊上,偶然间发现了笛沙格原稿的抄本,这才使笛沙格这一被埋没的成果得以重新焕发光芒！

射影几何的另一位奠基者帕斯卡,童年即展现出数学天赋。但不知什么缘故,作为数学家的父亲,竟极力反对帕斯卡学习数学。逆反心理使爱动脑筋的帕斯卡,更加向往这一神秘的“禁区”,并在小小年纪,独立证明了平面几何中的一条重要定理：三角形内角和等于 180°。

帕斯卡(1623—1662)

帕斯卡的天赋终于感动了他的父亲,从此不仅取消了“戒律”,而且大发慈悲,亲自带领帕斯卡参加数学讨论会。

1639 年,帕斯卡发现了使他名垂青史的定理:若 $ABCDEF$ 为圆锥曲线内接的六边形,则 3 组对边 AB 与 DE,BC 与 EF,CD 与 FA 的交点,3 点共线(图 8.2.2)。

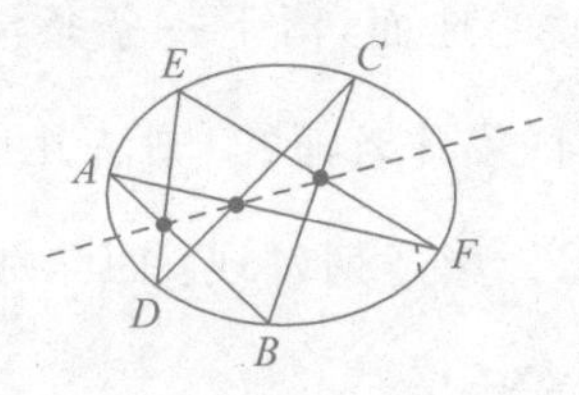

图 8.2.2

不料帕斯卡这一辉煌的成果,竟引起了包括大名鼎鼎的笛卡儿在内的一些人无端怀疑。他们不相信这会是一个 16 岁孩子的思维,而硬说是帕斯卡父亲的代笔!不过,此后由于帕斯卡成果累累,终于使所有持怀疑态度的人折服了!

不幸的是,在射影几何上述两位先驱者逝世之后,对这门学科的研究,竟莫名其妙地沉寂了一个半世纪,直至另一位传奇式的数学家彭赛列(Poncelet)的到来。

1788 年,彭赛列出生于法国的梅斯城,22 岁毕业于巴黎的一所军事工程学院,曾受业于蒙日、卡诺等著名数学家。他毕业后即投入拿破仑的军队,担任一名工兵中尉。

1812年,叱咤风云的拿破仑为了实现称霸欧洲的野心,公然率军远征莫斯科。不料沙皇亚历山大一世起用了老谋深算的将军库图佐夫为总司令,毅然避开了法军的锋芒,把拿破仑的军队引入莫斯科。此后,法军困守空城,饥寒交迫,又被库图佐夫拦断西退的去路,终于面临绝境!

此时的彭赛列服役于远征军的纳伊军团。1812年11月18日纳伊军团被歼,但见血溅沙场,尸横遍野。彭赛列也受了重伤,混迹于尸首群中。当俄国军队清扫战场的时候,发现这个受了伤的法国军官一息尚存,于是作为俘虏送到了后方。彭赛列因此侥幸捡得了一条性命。

翌年三月,彭赛列被关进了伏尔加河畔的一所监狱。开始的一个月,他面对铁窗,精疲力竭,万念俱灰。后来,随着春天的到来,明媚的阳光透过铁窗的栏栅,投进了监狱的地面,留下一条条清晰的影子。这一切突然引发了彭赛列的联想。往日蒙日老师的"画法几何"和卡诺老师的"位置几何"一幕幕闪现在他的脑海。彭赛列发现:回味和研究往日学过的知识,是在百无聊赖中最好的精神寄托!

彭赛列(1788—1867)

此后的彭赛列似乎焕发了青春。此时萦回在他脑际的问题是,在射影变换下究竟有哪些性质不变?经过潜心的思考,他终于发现,对于一个固

定的线束 $S(a,b,c,d)$ 来说(图 8.2.3),交比 γ

$$\gamma=\frac{AC}{BC}:\frac{AD}{BD}$$

是一个不变量。这就使他找到了打开射影几何这一学科大门的金钥匙。当时监狱的条件极差,没有笔也没有纸,然而这一切都没有难倒彭色列。他用木炭当笔,把监狱的墙壁当作特殊的黑板,还四方搜罗废书页当稿纸,就这样经过了400个日日夜夜,终于写成了七大本研究笔记。

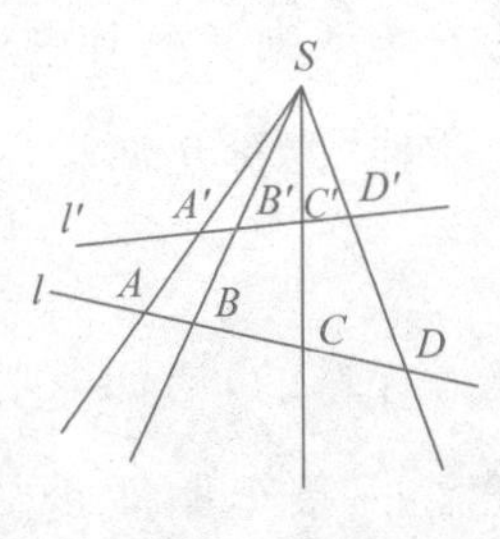

图 8.2.3

1814年6月,彭赛列获释。回到法国后,他又在7本研究笔记的基础上,努力奋斗了8年。1822年,一部理论严谨、构思新颖的巨著《论图形的射影性质》问世。这部书的出版,标志着射影几何作为一门学科的正式诞生。

3. 没有长短和大小的世界

在18世纪的东普鲁士首府哥尼斯堡,有七座桥连接普累格河的两岸和两个岛(图 8.3.1)。当地的居民热衷于以下有趣的问题:能否设计一次散步,使得七座桥中的每一座都走过一次,而且只走过一次?这便是著名的哥尼斯堡七桥问题。

欧拉研究了这一问题,并于1736年向圣彼得堡科学院递交了一篇题为《哥尼斯堡的七座桥》的论文。论文开头是这样写的:

"讨论长短大小的几何学分支,一直被人们热心地研究着。但是还有

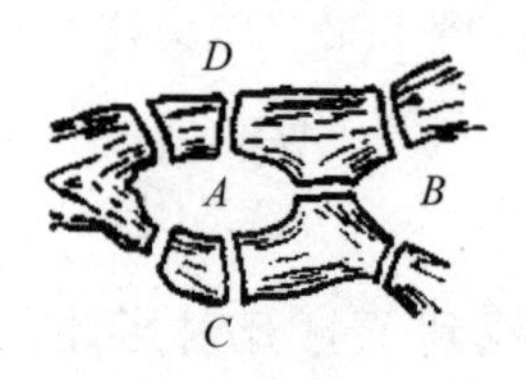

图 8.3.1

一个至今几乎完全没有探索过的分支；莱布尼茨最先提起过它，称之为‘位置几何学’。这个几何分支讨论只与位置有关的关系，研究位置的性质，它不去考虑长短大小，也不牵涉到量的计算……”

莱布尼茨和欧拉所说的这种“位置几何学”，如今已发展成为一门重要的数学分支——拓扑学。

拓扑学研究的课题是极为有趣的，诸如：左手戴的手套能否在空间掉转位置后变成右手戴的手套？一条车胎能否从里面朝外把它翻转过来？能否存在只有一个面的纸张？一只有耳的茶杯与救生圈或花瓶相比，与哪一种更相像些？等等。

在拓扑学中人们感兴趣的只是图形的位置，而不是它的大小。有人把拓扑学说成是橡皮膜上的几何学是颇为恰当的。因为橡皮膜的图形(图 8.3.2)，随着橡皮膜的拉动，其长度、曲直、面积等都将发生变化，此时谈论长短和大小是毫无意义的！

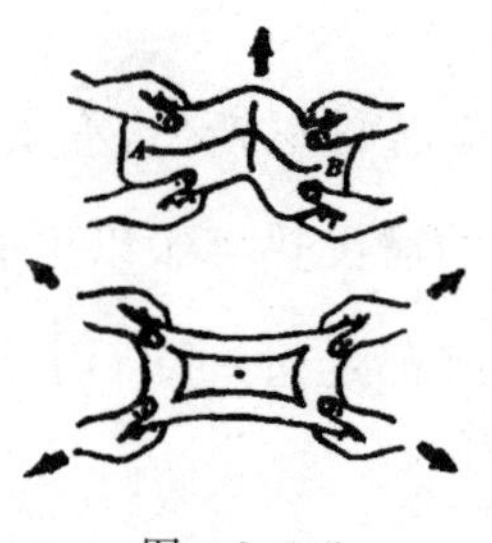

图 8.3.2

不过，在橡皮几何里也有一些图形的性质保持不变。例如，点变化后仍然是点；线变化后依旧为线；相交的图形绝不因橡皮的拉伸和弯曲而变得不相交！拓扑学正是研究诸如此类，使图形在橡皮膜上保持不变的几何学。

“内部”和“外部”是拓扑学中很重要的一组概念。一条头尾相连且自身不相交的封闭曲线，把橡皮膜分成两个部分。如果我们把其中有限的部分称为闭曲线的“内部”，那么另一部分便是闭曲线的“外部”。从闭曲线的内部走到外部，不可能不通过该闭曲线。因此，无论你怎样拉扯橡皮膜，只要不切割、不撕裂、不折叠、不穿孔，那么闭曲线的内部和外部总是保持不变的。

判定一个图形的内部和外部，并不总是一目了然。有时一些图形像迷宫那样，令人眼花缭乱，这时应如何判定图形的内部和外部呢？20 世纪中叶，法国数学家若当(Jordan)提出了一种简便可行的办法：即在图形(图 8.3.3)外找一点，与需要判定的区域内的某一点连成线段。如果该线段与封闭曲线相交的次数为奇数，则所判定的区域为内部，否则为外部。这一方法似乎相当精妙！

图 8.3.3

在橡皮几何里有一个极为重要的公式，它是欧拉于 1750 年找到的。公式说：对于一个平面图形(脉络)，其顶点数 V、区域数 F 和弧线数 E 三者之间有如下关系：

$$V+F-E=2$$

欧拉的这一公式，推广到拓扑学中其他的多面体则有

$$V+F-E=X=2(1-g)$$

这里，“X”称为该多面体的“欧拉示性数”；“g”称为“亏格”，相当于该多面体

上“洞”的数目。对于无洞($g=0$)的简单多面体 $X=2$,此即前述的欧拉公式。

拓扑学中的另一株奇葩是默比乌斯带。

1858 年,德国数学家默比乌斯(Mobius)发现:一个扭转 180°后再两头粘接起来的纸条,具有神奇的性质(图 8.3.4)。

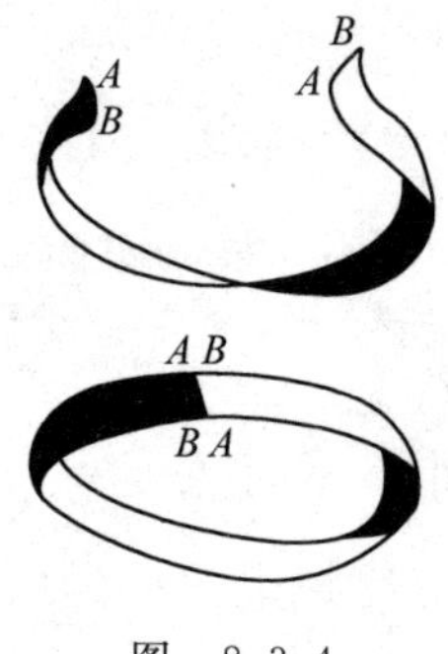

图　8.3.4

首先,这样的纸带不像普通的纸带那样具有两面性(正面和反面)。而默比乌斯带却只有一个面。一只蚂蚁可以爬遍整个曲面而不必跨过它的边缘。

默比乌斯带还有一个魔术般的特性:用剪刀沿纸带的中央把它剪开,它不但不会一分为二,反而会令人惊异地得到一条两倍长的纸圈!

默比乌斯带的美中不足是它有一条非常明显的边界。1882 年,另一位德国数学家克莱因,终于找到了一种自我封闭,却没有明显边界的模型,称为“克莱因瓶”(图 8.3.5)。这种怪瓶实际上可以看作由一对默比乌斯带沿边界粘合而成。

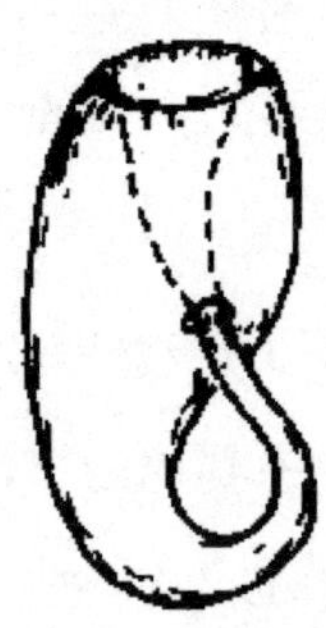

图　8.3.5

在拓扑学中，数学家们是根据欧拉示性数和单、双侧曲面，对曲面图形进行分类的。读者可能难以想象，以下两个迥然相异的图形(图 8.3.6)，在拓扑学中竟属于同一类！

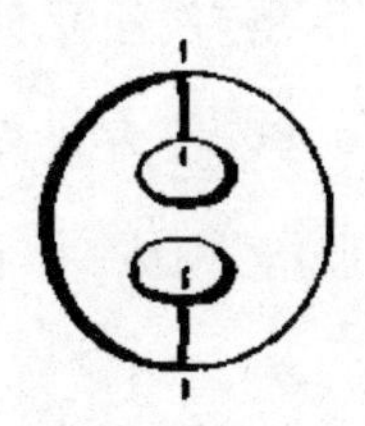

图 8.3.6

拓扑一词，译自英文“topology”。近代拓扑学的奠基人，是被誉为“征服者”的法国数学家庞加莱(Poincaré)。我国数学家吴文俊、江泽涵等在拓扑学的研究方面也做出过令世人瞩目的成就。

4. 方兴未艾的分形几何

人类对于光滑和规则图形的偏爱是根深蒂固的。这不仅仅因为许多真实形体的数学抽象，表现为光滑和规则的图形，而且还在于人们由此积累的数千年的研究方法，已经是熟门熟路的了！

然而，许多自然现象，如云的边界、山的外形、海岸的形状、闪电的交叉、气体的弥漫、液体的湍流……到处充满着破裂、扭曲、皱结和杂乱！面对这些以往被斥为“病态”的图形，古典的几何学和微积分常常显得苍白无力。然而，恰恰正是这些不规则的细微部分，表现出了大自然的生命力和魅力！

1967 年，法国数学家曼德勃罗(Mandebrot)研究了上述不规则现象，发现它们具有某些共同的特征。诸如：其组成部分与整体之间存在着某种意义上的相似；具有精细的结构，即在任意小的比例尺内包含整体等。曼德勃罗用一个拉丁文单词“fractus”来表示这些图形。意即它们是极不规则、破碎和分散的。此词在中文中译为“分形”。而在此后崛起的研究

“分形”的数学分支,便被称为“分形几何”(fractal geometry)或“破碎几何”。

曼德勃罗关于分形的第一篇论文,发表在著名的《科学》杂志上,名称很怪,叫《英国的海岸线有多长?》。曼德勃罗指出,使用犹如海岸线式的分形,我们可以解释为什么极微小的遗传物质,可以发育成复杂而庞大的器官,例如大脑,乃至于整个生命机体;也可以理解为什么体积不足人体5%的血管,可以布满人体的每一小块组织。

在自然界,自相似的现象可以说是俯拾即是:大至宇宙,太阳系绕着银河系中心转,地球绕着太阳转,月亮又绕着地球转,等等;中至社会,一个国家的中央、省、市、县、乡等行政组织,也具有自相似性;小至人体,如神经系统、血管系统、呼吸系统,等等,这种结构的自相似性更是处处可见。更不用说那犬牙交错的海岸线,美丽而对称但边缘却不平滑的雪花,以及天上的云朵,地里的姜根,山中的枫叶……绝大多数的客观实体,并不像欧几里得几何中的点、线段、圆、立方体、球等,那样单纯;也不像解析几何中的椭圆、双曲线、抛物线等,那样规整。复杂是宇宙的本性,这种无限嵌套的精细的层次结构,正是实实在在的大自然的几何学,也是分形的本质所在。

图8.4.1是一幅太阳在云的边缘发光的照片,从中我们可以看到那令人惊异的自我分形复制。

图 8.4.1

图 8.4.2(a)是一张人体肠道壁的细部放大图。图 8.4.2(b)、(c)、(d)则是它细部的放大、再放大。其自相似性跃然纸上！这种组织的自相似结构，来源于细胞的裂变和基因的复制。

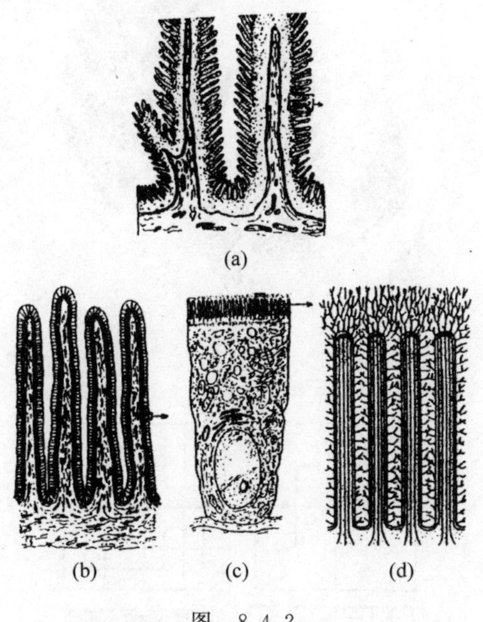

图 8.4.2

图 8.4.3 是一枝蕨类植物的叶子，其中标上字母，是为了让人们对它在这种无限嵌套的层次结构中的对应位置，看得更加清楚！

对细部与整体的自相似性的最早研究，起源于一个多世纪前法国数学家皮亚诺，但直至 20 世纪 80 年代曼德勃罗之前，并没有形成完整的学科。

皮亚诺研究了一种可以充满空间的曲线。这种后来以“皮亚诺”命名的曲线，实际上是分形的一个绝好例子。所谓空间充满曲线，是指在给定范围内的每一个点都被曲线经过。随着曲线的描绘，整个空间逐渐变黑。图 8.4.4 显示了空间充满曲线的过程。从图中可以看出，该曲线通过特殊的方式不断地自我生成，并逐渐包裹了整个立方体空间。

分形大致可以分为两类：一类是几何分形，另一类是随机分形。前面讲的多是几何分形。分形的共同特征，在于它具有无限嵌套的精细的层次

图 8.4.3

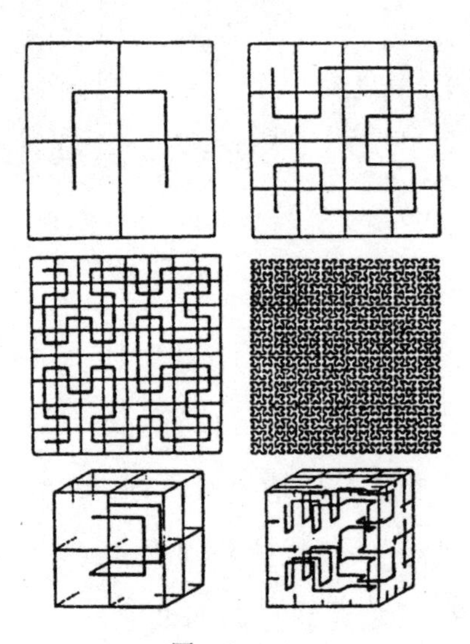

图 8.4.4

结构：在任意小的比例尺内，与整体相似。下面我们通过一些简单有趣的例子，让读者更深刻地认识分形的本质以及如何构造分形。

(1) 康托尘埃

给定一条线段 E_0（图 8.4.5）；将它三等分，去掉中间一段得 E_1；再将剩下的两段分别三等分，再分别去掉各自的中间一段得 E_2；将这样的操作无限地进行下去，最后剩下一个处处有孔、包含着无穷多点的集合 F，它的构造类同于康托的三分集，又有点像落在线段上的一抹疏密有致的灰尘，所以称为“康托尘埃”。

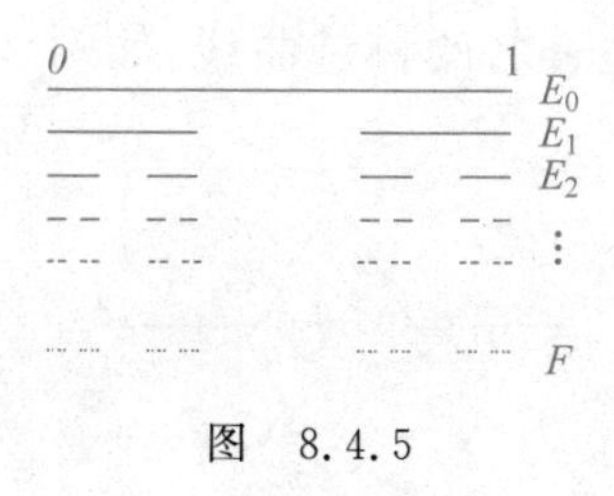

图 8.4.5

康托尘埃具有非常典型的分形特征。它的极小部分与整体之间具有“自相似性”。

(2) 柳枝分蘖

春风吹拂，从一枝长为 1 的柳条的 1/3 和 2/3 处，各长出长为 1/3 的新枝(图 8.4.6)，分叉点把树枝分成 5 段，每段又从其 1/3 和 2/3 处长出新枝，刚长出的新枝之长是该段长的 1/3。如此生长下去，最后得到一棵枝繁叶茂的柳树。

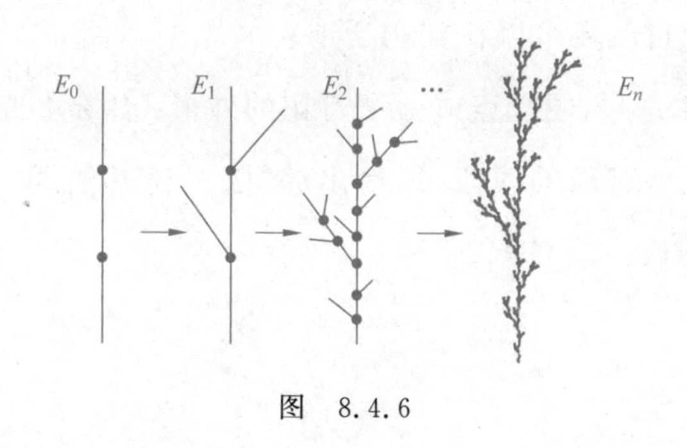

图 8.4.6

不难算出枝条的总长度：

第一次生长了两根枝条，全长为 $1\times(5/3)$；

第二次又长出了十根枝条，全长为 $1\times(5/3)^2$；

…

如此递推，第 n 次又生长了若干枝条，全长为$(5/3)^n$，当 n 很大时，将趋于无穷。当然，由于自然条件的限制，真实的树木是不可能无限地增长的，由于天灾人祸和生物自身的衰老，到一定限度就不会再增长了。

(3) 科赫曲线

分形的另一个例子是著名的科赫曲线，如图 8.4.7 所示：

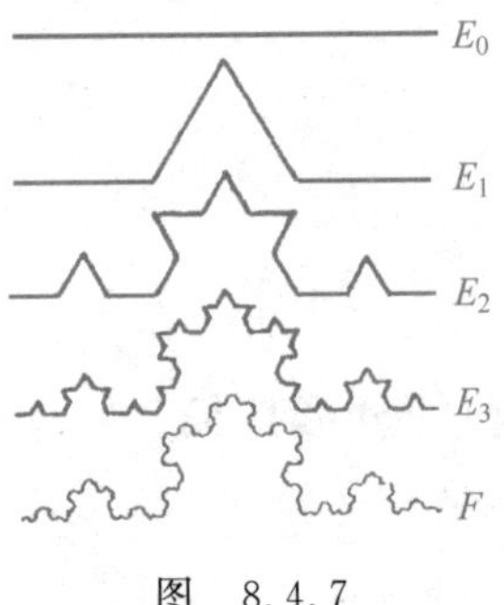

图 8.4.7

设 E_0 是单位长线段；从 E_0 中去掉中间的 1/3，并用相等长度的两条线段代替，由此得出由 4 条线段组成的图形 E_1；对 E_1 的每一条线段进行同样的处理，得出 E_2；如此继续，以至无穷。最后的极限曲线 F 便是科赫曲线。

科赫曲线在自然界可以找到相当丰富的原型。例如，三条科赫曲线如图 8.4.8(a)合在一起，便能组成一个雪花的外形；用随机的办法确定在曲线的哪一边放置一对新的线段，所得出的"随机科赫曲线"，与海岸线有非常类似的结构(图 8.4.8(b))。

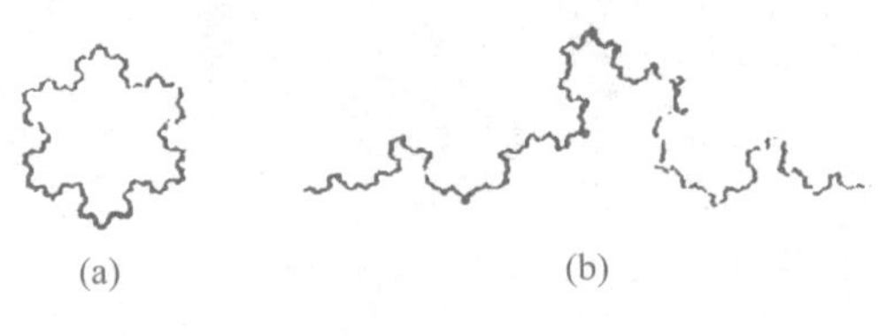

(a) (b)

图 8.4.8

科赫曲线是 1904 年数学家科赫(Koch)首创的。科赫曲线留在 E_0 上的部分，就是康托尘埃。

不难算出，科赫曲线的长度是

$$\lim_{n\to\infty}\left(\frac{4}{3}\right)^{n}=+\infty$$

如果海岸线形似一条科赫曲线，处处凹凸不平，它当然不会测得一个有限的长度了！

(4) 雪花曲线

如果是从正三角形的三条边开始分别构作科赫曲线，则会得到如图 8.4.9 自相似的分形结构——雪花曲线。

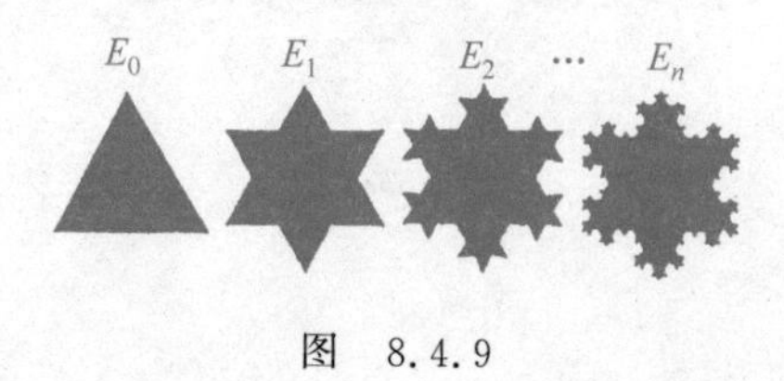

图 8.4.9

雪花曲线的一个重要性质是，它面积有限，但却有无限的周长。

事实上，假定原三角形面积为 1，雪花曲线产生过程中各图形的边数依次为

$$3,3\times 4,3\times 4^{2},\cdots,3\times 4^{n-1},\cdots$$

对于每一条边(第 n 个步骤)下一步骤都将增加 1/9 的面积，当 n 趋于无穷时，雪花曲线所包围的面积为

$$S=1+\frac{1}{9}\times 3+\left(\frac{1}{9}\right)^{2}\times 3\times 4+\left(\frac{1}{9}\right)^{3}\times 3\times 4^{2}+\cdots+\left(\frac{1}{9}\right)^{n}\times 3\times 4^{n-1}+\cdots$$

$$=1+\frac{3}{9}\left[1+\frac{4}{9}+\left(\frac{4}{9}\right)^{2}+\cdots+\left(\frac{4}{9}\right)^{n-1}+\cdots\right]$$

$$=1+\frac{3}{9}\times\frac{1}{1-\frac{4}{9}}=1+\frac{3}{5}=\frac{8}{5}$$

即为原三角形面积的 8/5。

下面计算雪花曲线边界线的长度。由于每操作一步，所得的折线长度

是上一级折线长度的4/3倍，所以第 n 次 E_n 的长度是 $(4/3)^n$，当 n 足够大时，将趋于无穷。所以雪花曲线的边界长为无穷大。

(5) 谢宾斯基垫片

许多其他的分形可以用递归的过程进行构造。图8.4.10所示的谢宾斯基(SierPinski)垫片，便是从原来的等边三角形中，重复地去掉1/4大小的倒等边三角形所得。

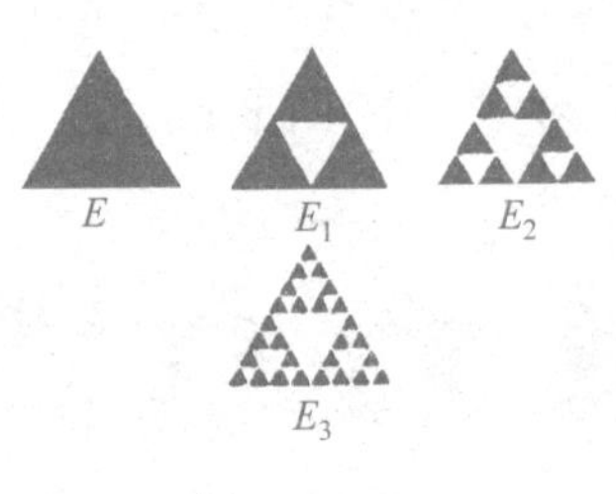

图 8.4.10

(6) 数学恐龙

1980年，曼德勃罗从复数 z_0 开始，用迭代公式：

$$z_{n+1} = z_n^2 + c \quad (c \text{ 为复变函数})$$

在美国IBM公司，用计算机描点：

$$z_1 = z_0^2 + c, z_2 = z_1^2 + c, z_3 = z_2^2 + c, \cdots$$

得到的点集，堆积成如图8.4.11所示的自相似结构的怪东西，人称“数学恐龙”。

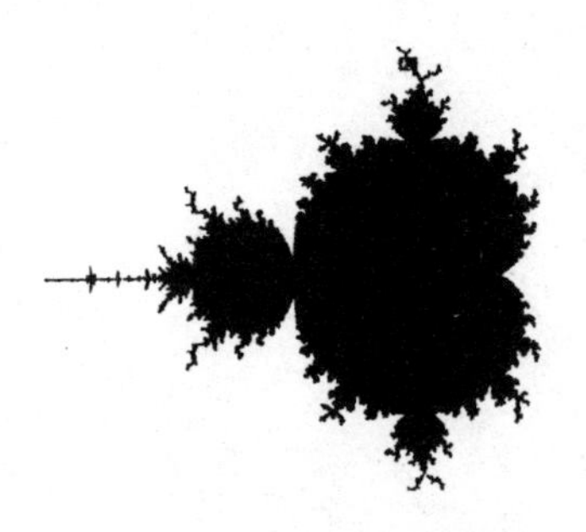

图 8.4.11

分形几何的主要工具是它形式众多的“维数”。

在古典几何中的维数，我们称为拓扑维。直线是一维的，平面是二维的，空间是三维的，等等。但拓扑维显然不足以刻画分形的数量特征。以雪花的外形为例，它无限长的边界挤在某个面积有限的范围内。从直观几何的角度理解，它既不像是一维的，也不像是二维的，反而像介于一维和二维之间的一个分数维数。

“分维”是分形几何中描绘复杂物体占据空间能力的一个量。一个物体分维数越大，表明它破碎、扭曲、皱结的程度也越大。

为了引出“分维”的概念，人们从另一个角度来考查拓扑维：图 8.4.12 给出了单位线段、单位正方形和单位立方体等。将它们各自的线度缩小 $r(=2)$ 倍。于是，原图便可分为若干相似的小图形，其个数 k 分别为 2,4,8,…容易看出，r 与 k 之间存在着如下的关系：

$$r^{\alpha}=k, \quad 或 \quad \alpha=(\ln k)/(\ln r)。$$

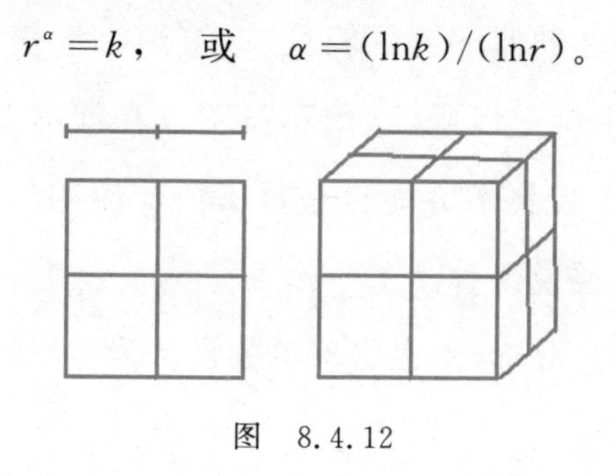

图 8.4.12

例如，当 $r=2$ 时，有

$k=2, \alpha=1 \quad (2^1=2)$；

$k=4, \alpha=2 \quad (2^2=4)$；

$k=8, \alpha=3 \quad (2^3=8)$；

…

上述关于 α 的式子，可以作为维数的另一种定义。因为对于通常的几何对象，算出的 α 值与拓扑维相同。但对于分形，却可以得出全然不同的结果。

以康托尘埃为例，原图被三等分，变换后只留下首尾两段。即 $r=3$，$k=2$，从而算得其分维

$$\alpha(\text{康托尘埃})=(\ln 2)/(\ln 3)=0.6309\cdots$$

对于科赫曲线，原图线段被三等分，变换后由长 1/3 的 4 个相似形组成。即 $r=3$，$k=4$，从而算得其分维

$$\alpha(\text{科赫曲线})=(\ln 4)/(\ln 3)=1.2618\cdots$$

同理，对于谢宾斯基垫片，我们可得：$r=2$，$k=3$。从而算得其分维

$$\alpha(\text{谢宾斯基垫片})=(\ln 3)/(\ln 2)=1.5849\cdots$$

类似地，我们可以求得

$$\alpha(\text{柳枝分蘖})=(\ln 5)/(\ln 3)=1.4651\cdots$$

$$\alpha(\text{皮亚诺曲线})=(\ln 4)/(\ln 2)=2$$

…　　　　…

分形几何，从曼德勃罗的第一篇论文《英国海岸线有多长?》发表至今已有半个世纪。半个世纪以来，这门学科不仅在理论上取得了很大发展，而且在自然科学和工程技术方面也获得了广泛应用。对于这门方兴未艾的学科，也许惠勒教授说得对：

"明天谁不能熟悉分形，谁也将不可能被认为是科学上的文化人!"

5. 令人赏心悦目的"铺砌"

所谓"铺砌"是指：用一种或几种大小、形状完全相同的"瓷砖片"，通过不断重复使用，使之铺满平面，既无空隙，又无重叠。

图 8.5.1 中 3 种拼砌图案，是由最简单的正三角形、正方形和正六边形的瓷砖拼成，它几乎充斥于人们生活的每一个角落。

古往今来，从世界各地精巧美丽的镶嵌工艺品，到王宫寺院壮丽辉煌的造砌艺术，无不为铺砌的图案提供了实用的范例。铺砌艺术可以说与人类的历史一样悠久。

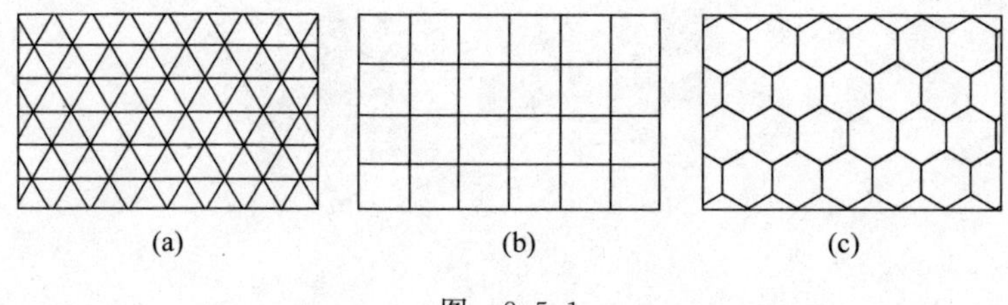

图 8.5.1

许多铺砌图案，常常壮丽得令人惊叹不已。欣赏这些绝妙的图形，有时可以令人心旷神怡。然而这个问题至今依然未知答案。

铺砌问题，属于平面规则分割范畴，又称“镶嵌”。作为镶嵌图形的基本单元，多为多边形或其组合，如：

(1) 以三角形为镶嵌单元

不一定要正三角形，以任意的三角形作为镶嵌单元，都可以铺满平面，而且方法不止一种。这是因为，三角形的三个内角和为 180°，可以把两组和为 360°的六个角的角顶，集中在一起展铺，使得恰好覆盖角顶周围的平面。图 8.5.2 是以相同的三角形为基本图案，构造出的两种不同的平面铺砌方式。

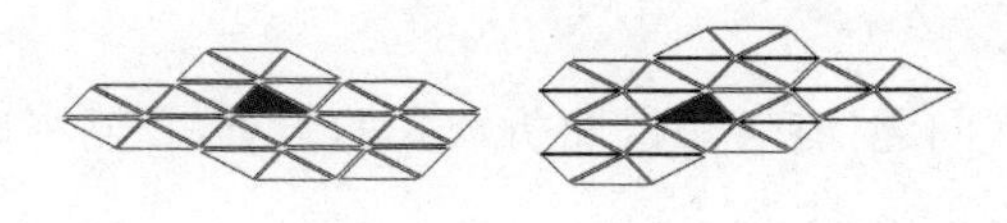

图 8.5.2

(2) 以四边形为镶嵌单元

以任意的平面四边形为镶嵌单元，也都可以展铺成平面。这是因为，任一平面四边形的四个内角和为 360°，可以把这四个角的角顶，集中在一起展铺。

图 8.5.3 是两个例子，图(a)是凸四边形铺砌，图(b)是凹四边形铺砌。

(3) 以五边形为镶嵌单元

以单一的五边形为镶嵌单元的平面铺砌，是一个令人困惑的问题。

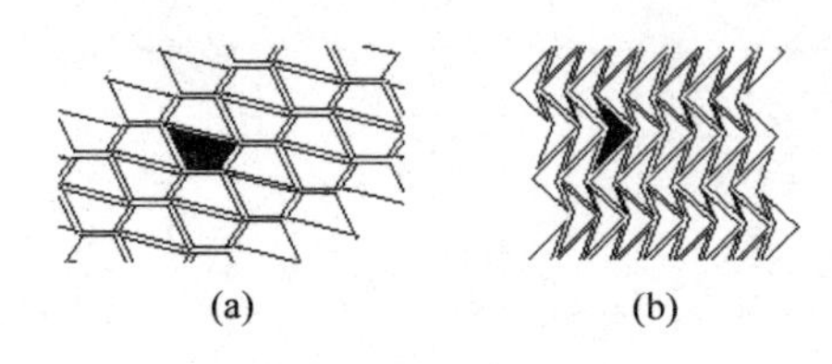

图 8.5.3

众所周知，正五边形无法铺满平面，但人们却发现了许多特殊类别的凸五边形能够展铺成平面。例如，有一组对边平行的凸五边形，一定能铺砌整个平面。

图 8.5.4 是一个著名的例子，称为“开罗镶嵌”。这一名称是因为它经常出现在开罗街头的伊斯兰装饰中。它是由两套全等的、拉长了的六边形，如图 8.5.4 所示一竖一横重叠后形成的。

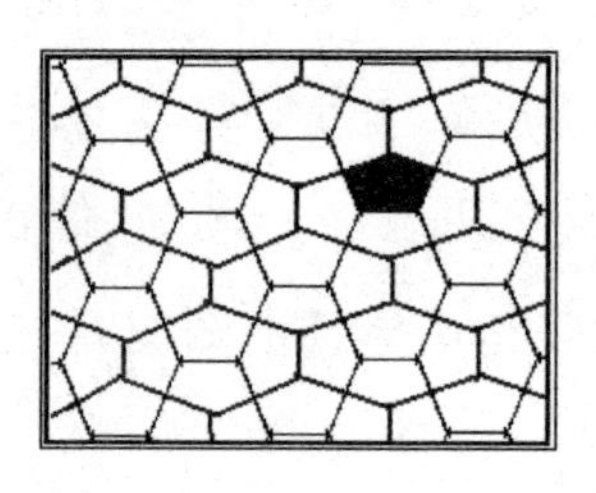

图 8.5.4

凸五边形镶嵌问题，有着一段曲折动人的历史，我们将在后面另行叙述。

(4) 以六边形为镶嵌单元

人们已经证实：有且只有 3 类六边形可以铺镶成平面。这 3 类六边形早在 1918 年，已由法兰克福大学的一位研究生 K. 莱因哈脱发现并描述如下：图 8.5.5 中 x，y 为角；a，b，c 为边。

例如，有一组对边平行且相等的六边形，一定可以如图 8.5.6(a)所示展铺成平面；又如，六边相等，且一组对角等于($2\pi/k$)的对称六边形，可以镶嵌出图 8.5.6(b)的“花瓣形”图案($k=7$)。

(5) 以其他多边形为镶嵌单元

单一的凸七边形或边数更多的凸多边形，无法形成平面镶嵌。这一似

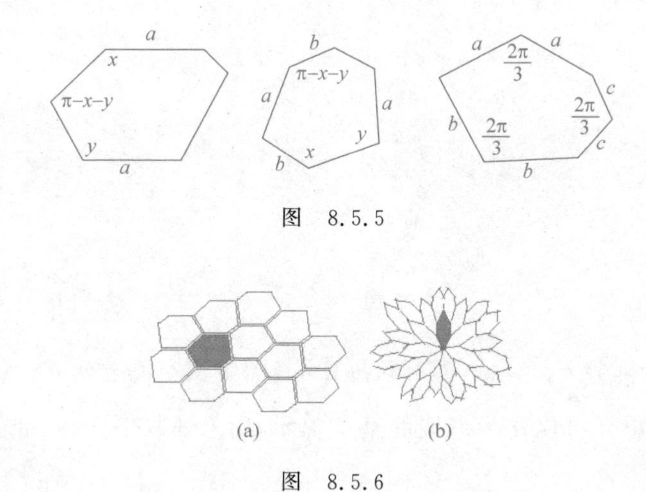

图 8.5.5

图 8.5.6

乎显而易见的事实，直到1978年年底，才由美国数学家伊万·尼文给出完美而透彻的证明。

但是一些非凸的多边形，有时却能铺镶成平面，而且也令人赏心悦目。图8.5.7便是一些例子：

图 8.5.7

能不能用形如图8.5.8(a)的瓷砖，作为镶嵌的基本单元，来铺砌平面呢？英国数学家J. H. 康韦(J. H. Conway)断言，这是可能的。

康韦给出了以下准则：

如果一个原始单元，其边界可以分为6个部分(图8.5.8(b)中各部分以黑圈分隔)，这6个部分之间有如下关系。

① a 与 d 是互相平移的结果；

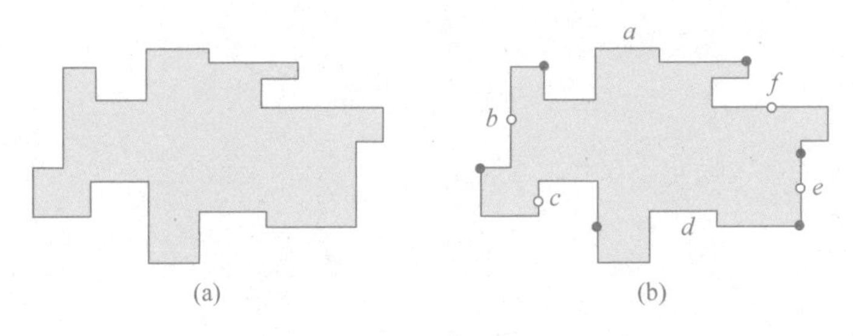

图 8.5.8

② 其余部分 b、c、e、f 都有对称中心(图中用空圈表示)。

这样的单元可以作为镶嵌的基本单元,用来铺砌平面(图 8.5.9)。

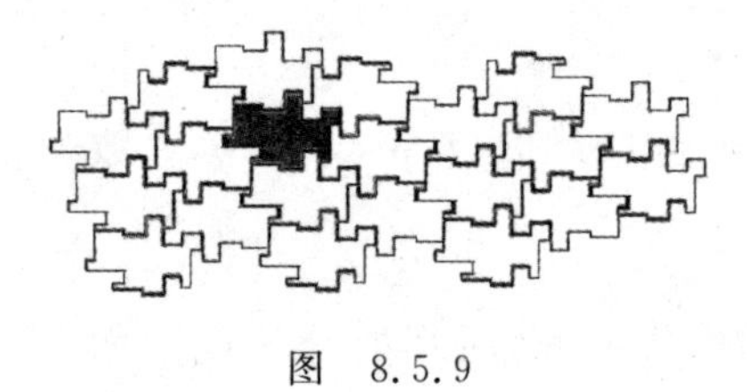

图 8.5.9

康韦的上述准则可应用于任何平面铺砌,而不仅仅限于此处所提到的多边形单元。

如果一个镶嵌图的每一个顶点,都由相同结构组成,则称这种镶嵌为均匀镶嵌。如果一个镶嵌图经过平移,能与原镶嵌图重合,则称这种镶嵌为周期镶嵌。

图 8.5.1 中以三角形和四边形为镶嵌单元的两款例图,既是均匀镶嵌,又是周期镶嵌。而"开罗镶嵌"虽是周期镶嵌,但却不是均匀镶嵌。而以六边形为镶嵌单元的"花瓣形"镶嵌的图案,则既不是均匀镶嵌,也不是周期镶嵌。

不是任意的正多边形都能铺满平面。

如果只限于单一的正多边形的话,那么不难知道,只有正三角形、正方形和正六边形 3 种图形可以铺满平面。

如果可以由不同种类的正多边形组合,那么就必须使它们的内角在镶嵌图的每个顶点处恰好拼成一个周角(图 8.5.10)。

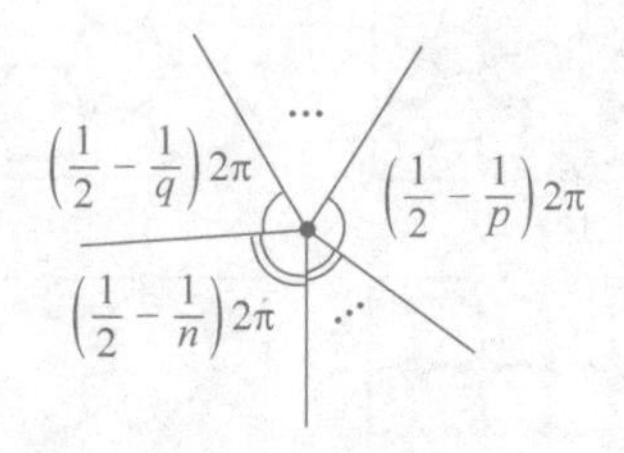

图 8.5.10

由于正 n 边形的一个内角为

$$\left(\frac{1}{2}-\frac{1}{n}\right)\cdot 2\pi$$

所以上述要求,无疑相当于求一组正整数 $n,p,q,r,\cdots,t$ 使得

$$\left(\frac{1}{2}-\frac{1}{n}\right)+\left(\frac{1}{2}-\frac{1}{p}\right)+\left(\frac{1}{2}-\frac{1}{q}\right)+\cdots+\left(\frac{1}{2}-\frac{1}{t}\right)=1$$

这个不定方程共有 17 组整数解,其中能够铺满平面的只有 10 组,它们是:

① $n=3,p=3,q=3,r=3,s=3,t=3$;(图 8.5.1(a))

② $n=3,p=3,q=3,r=4,s=4$;(它共有两种图形,图 8.5.11(a);[3^2 · 4 · 3 · 4],图 8.5.11(b))

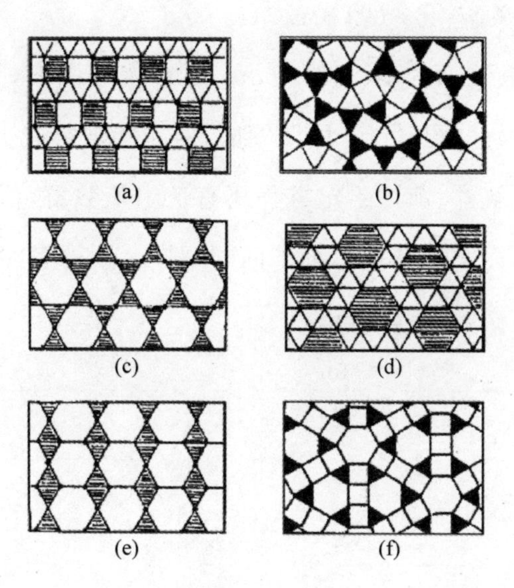

图 8.5.11

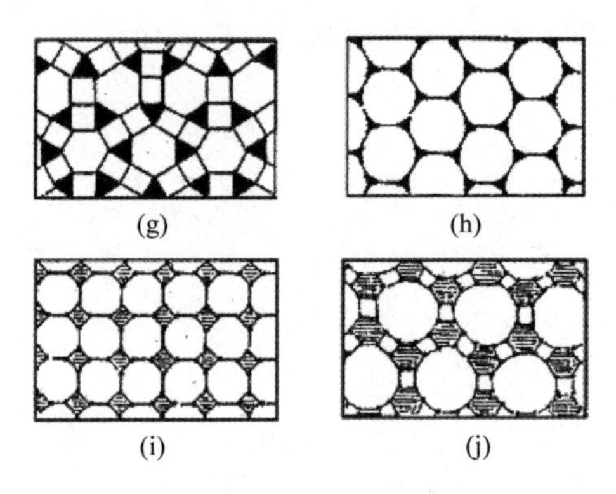
(g) (h) (i) (j)

图 8.5.11(续)

③ $n=3, p=3, q=3, r=3, s=6$；(图 8.5.11(c))

④ $n=3, p=3, q=6, r=6$；(有两种图案：图 8.5.11(d)；图 8.5.11(e))

⑤ $n=3, p=4, q=4, r=6$；(有两种图案：图 8.5.11(f)；图 8.5.11(g))

⑥ $n=3, p=12, q=12$；(图 8.5.11(h))

⑦ $n=4, p=4, q=4, r=4$；(图 8.5.1(b))

⑧ $n=4, p=8, q=8$；(图 8.5.11(i))

⑨ $n=4, p=6, q=12$；(图 8.5.11(j))

⑩ $n=6, p=6, q=6$；(图 8.5.1(c))

以上能够铺满平面的 10 组解中，有 13 种镶嵌图案，其中 11 种为均匀镶嵌。另两种(图(e)、图(f))为周期镶嵌，但非均匀镶嵌。

除以上 10 组解外，前述不定方程还有 7 组整数解，但它们只能使某些顶点满足关系式，而无法形成整个平面的镶嵌。现列表如下：

编　号	n	p	q	r	备　注
⑪	3	10	15		
⑫	3	9	18		
⑬	3	8	24		
⑭	4	5	20		
⑮	3	3	4	12	有两种
⑯	5	5	10		
⑰	3	7	42		

多边形镶嵌平面的理论，在建筑结构、经济裁料、废物利用等方面有很大的实用性。例如某木器厂有一批大小一样的四边形余料，我们可以如图 8.5.4 那样，把它们拼接成一方完整的地面。

需要指出的是，许多非均匀的镶嵌，其图案也与均匀镶嵌同样的壮丽和美观。下面是两个例子(图 8.5.12)。

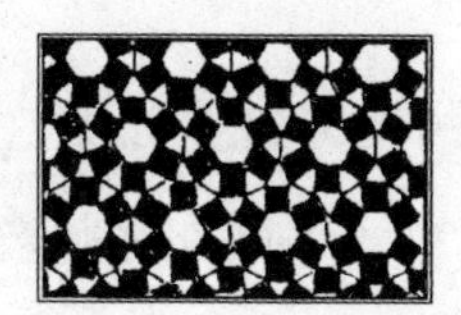

图 8.5.12

单一的凸五边形镶嵌平面问题，延续了将近一个世纪，至今似乎仍未画上句号。

1918 年，K. 莱因哈脱找到了以下 5 类(图 8.5.13)可以用来完整铺砌平面的凸五边形：

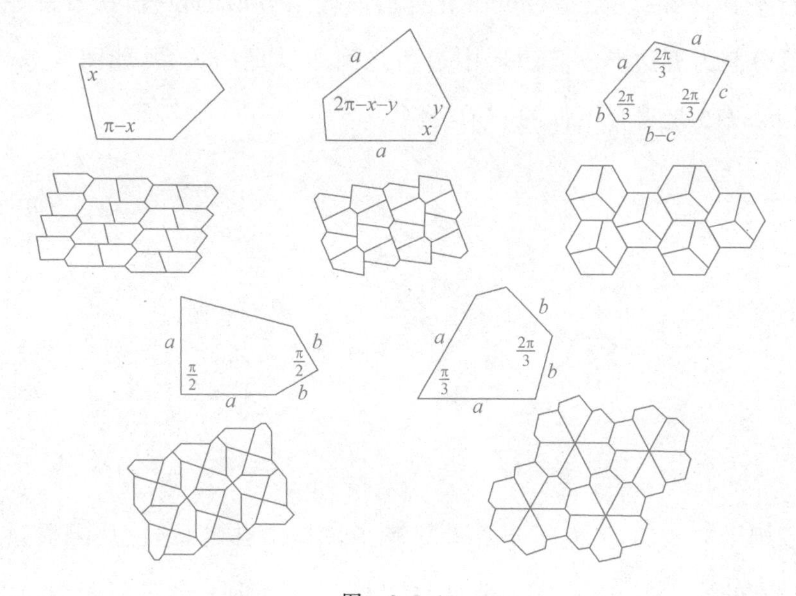

图 8.5.13

此后便整整沉寂了半个世纪，直至1968年，R. B. 克希纳又发表了另外3种不同的铺砌类型(图8.5.14)，并认为这是该问题所能存在答案的尽头。

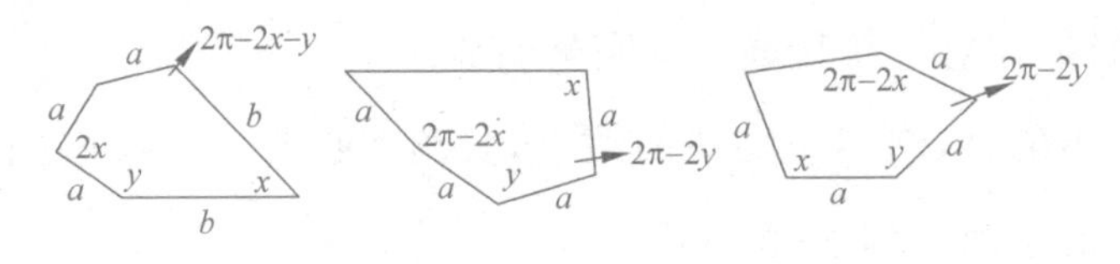

图 8.5.14

1975年，著名的美国数学游戏专家马丁·加德纳觉得此事似乎尚未完结，便把它搬上了《科学美国人》的《数学游戏》专栏。从而引起了人们广泛的兴趣，并引发了对该问题新一轮的研究。

很快地，一位业余爱好者R. E. 詹姆士找到了一种可以作为基本单元，新的美丽的五边形族。

詹姆士是怎样发现这种可铺满平面的新五边形呢？

原来，詹姆士是从常见的正八边形与正方形铺砌出发(图8.5.11(i))，先进行平移，然后观察是否可由五边形取代正方形的位置，接着进一步把八边形分割为五边形。五边形中边角之间所满足的关系，如图8.5.15所示，图8.5.16是符合条件的一个实例。

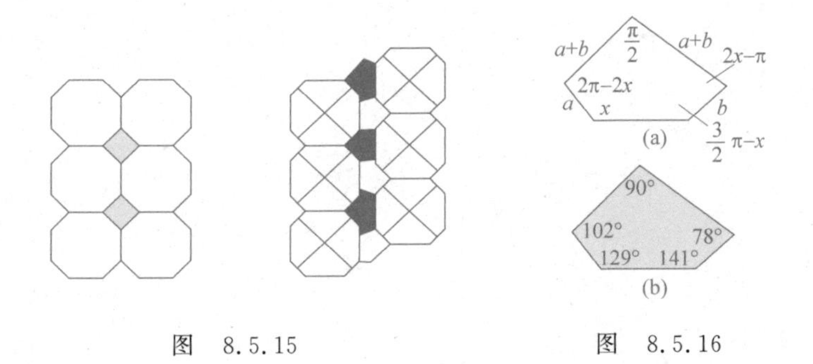

图 8.5.15

图 8.5.16

詹姆士的成功，激发了玛乔莉·赖斯的巨大热情，这位从未受过正规数学教育的家庭妇女，利用一种自创的方法，在不到一年的时间内，竟陆续发现了4种崭新的、可以铺满平面的五边形族(图8.5.17)：

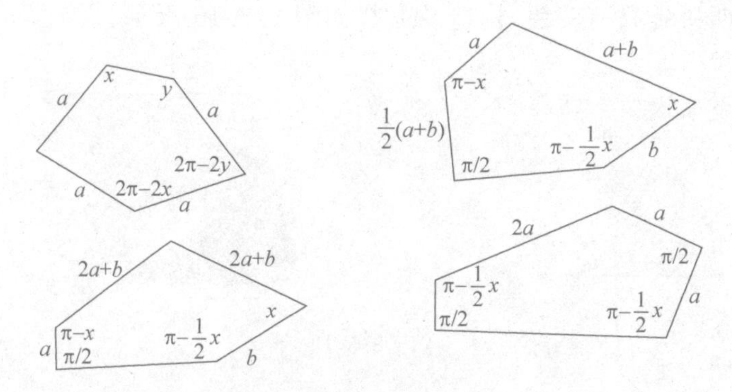

图 8.5.17

至此,可以铺满平面的五边形族的清单,已经列到了13类。此后,许多人花费了大量的时间和精力继续探索,但终无所获。

不料,又过了10年,1985年,史泰因竟然找到了一种前所未有的新的五边形种类(图8.5.18)。这不禁令人怀疑,现在是否远非画上句号的时候。

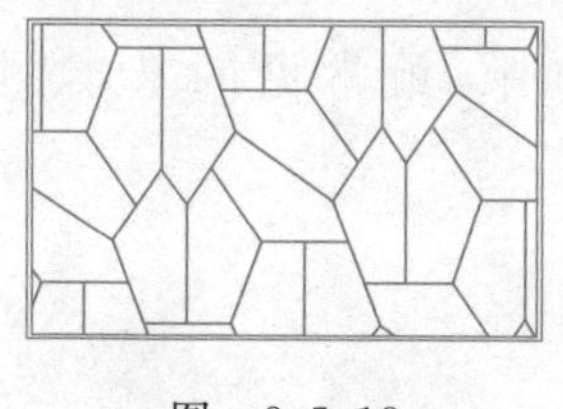

图 8.5.18

最后,还要提到的是,一般的平面铺镶会产生周期的图形。那么,是否存在这样的一组砌块,它可以产生无穷多种的方法,非周期性地铺满整个平面呢?

经过数学家们的努力,果然找到了这样的砌块组,但一套竟多达20000多块。后来经改进,减少到100多块。

那么,砌块组的数量是否可以减到更少呢?

1974年,英国物理学家R.彭罗斯(R. Penrose)惊奇地发现了一套瓷砖,它在做平面铺镶时,能产生无穷多种非周期的图形。

彭罗斯拼砖只有两块，构造及形状如图 8.5.19 所示。

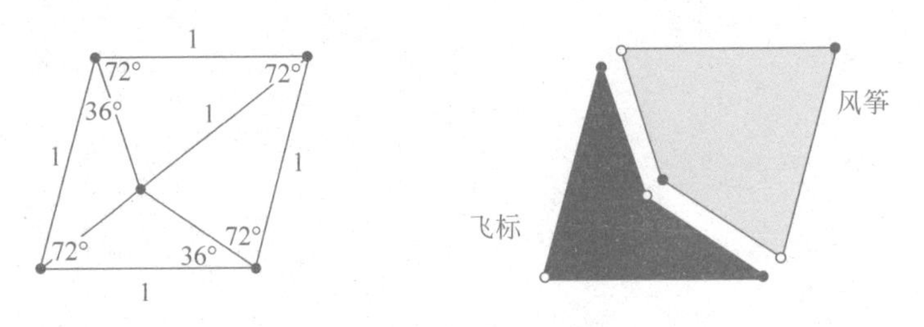

图 8.5.19

这两块拼砖依形状分别命名为“飞标”和“风筝”，合在一起形成一个边长与对角线比为黄金分割比 ϕ

$$\phi=\frac{1}{2}(\sqrt{5}-1)\approx 0.618$$

的菱形。

在瓷砖做平面铺镶时，“飞标”和“风筝”必须在顶点的地方接合，围成一圈，形成彭罗斯瓷砖铺镶的基本图案。

在彭罗斯瓷砖的铺砌中，最常见的基本图案有 7 种，如图 8.5.20 所示。

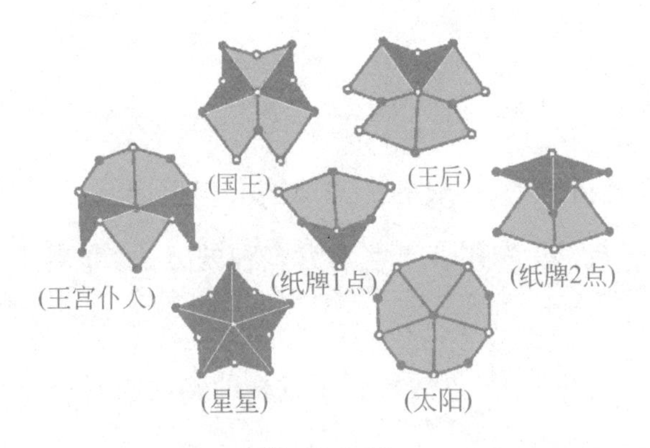

图 8.5.20

它们分别称为“国王”“王后”“王宫仆人”“纸牌 1 点”“纸牌 2 点”“星星”“太阳”。这些基本图案很容易在随便一块彭罗斯瓷砖的拼板中找到

（图 8.5.21）。

图 8.5.21

为了正确做出一块彭罗斯拼板，有以下“$H-T$”方法：如图 8.5.22 所示，先在各拼砖的顶点，标上 H 和 T 的字样，接着按如下规则拼装，使任何具有同样字母的两个顶点在铺砌时都不相邻。

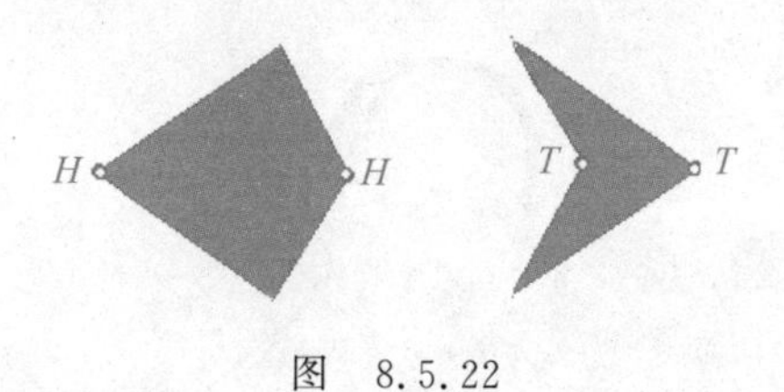

图 8.5.22

有些彭罗斯拼板具有 72°旋转对称性，但大多数没有。在一块彭罗斯拼板中，所用“飞标”的数量与“风筝”的数量比，大体为 ϕ。在每一个彭罗斯瓷砖的无限铺砌中，上述比值精确为 ϕ。

九、叹为观止的丰碑

1. 笔尖下的发现

数学是科学预言的有力工具,笔尖下的发现屡见不鲜!

1781 年,英国天文学家赫歇耳在望远镜下发现了太阳系的第七颗大行星天王星,但在观察它的运行轨道时,发现它总是偏离计算的轨迹。后来,著名的德国数学家贝塞尔和一些天文学家猜测,可能在天王星的外侧,还存在另外一颗行星。

1845 年 10 月 21 日,英国剑桥大学 22 岁的学生亚当斯,利用微积分等数学工具,经过一系列艰难的计算,终于算出了这颗推测中行星的轨道。他把算出的结果,寄给了当时英国格林尼治天文台台长艾利。然而,由于艾利对“小人物”的习惯性的偏见,亚当斯的结果未能引起他的重视。

1846 年 8 月 31 日,法国青年数学家勒维列也算得了与亚当斯相同的结果。9 月 18 日,勒维列写信给柏林天文台的研究人员加勒,信中说:“请你将望远镜对准黄道上的宝瓶星座,即经度 326°的地方,那么你将在 1°之内发现一颗九等的新行星。”加勒于 9 月 23 日收到信,当晚他果真在勒维列指定位置附近,找到了一颗新星,经过 24 小时的连续观察,发现该星在恒星间移动,证明这是一颗行星。这颗笔尖下发现的行星,后来被命名为海王星。

曾被认为是太阳系第九大行星的冥王星(后因体积过小而被排除于行星之外),同样是在笔尖下发现的。19 世纪末,天文学家根据经典力学分析海王星的轨道,他们发现,很可能还有另一颗未发现的神秘天体,在摄动天王星的轨道，当时人们称之为X行星。1915年，美国天文学家洛韦尔在纸上计算出了它。但迟至15年后即1930年2月18日，另一位美国天文学汤博，通过搜索天文台所拍摄的大量照片后，终于发现了这颗太阳系最边远的天体之一——冥王星的身影。

人类通过计算而做出科学的预言，可以追溯到远古的时代。早在公元前3世纪，古希腊数学家埃拉托色尼利用当时已知的几何工具，计算出了地球的子午线长约为40000千米。这与现代人们知道的数值非常接近。

当时埃拉托色尼在亚历山大城执教，他听那里的居民讲：位于亚历山大城正南的塞恩城，在夏至那一天正午，太阳正好悬在头顶；凡是直立的物体都没有影子；而这一天正午亚历山大城的直立杆，其影子却偏离垂直方向7°12′。这个度数恰好等于圆周的1/50。埃拉托色尼根据图9.1.1推算出地球的子午线长，相当于亚历山大城与塞恩城之间距离的50倍，即40000千米。

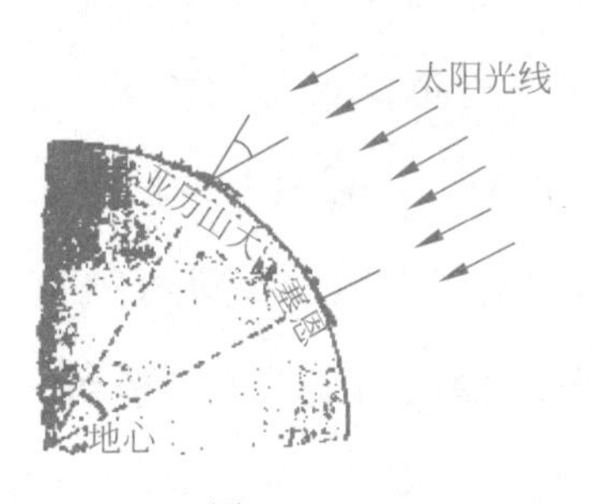

图 9.1.1

埃拉托色尼的预言无疑是超时代的。因为迟至16世纪，当麦哲伦进行了著名的环球航行之后，人们才确信我们生息着的大地是一个球体。

对光速的测定，是人类笔尖下预见的范例。由于光线跑得太快，伽利略设计的常规测试方法遭到失败。

1675年，丹麦天文学家雷默在观测木星卫星的蚀时，注意到木星卫星消失在木星阴影里的时间间隔每次有所不同(图9.1.2)。它随着木星与地球之间的距离不同而变长或变短。雷默意识到这是木星的卫星蚀的光线在路上传播所需要的时间不同造成的。他经过细心计算，得出了光速 c 约为

$$c=297700\text{ 千米/秒}$$

这与光速近代准确测定的值 $c=299792.458$ 千米/秒极为贴近！

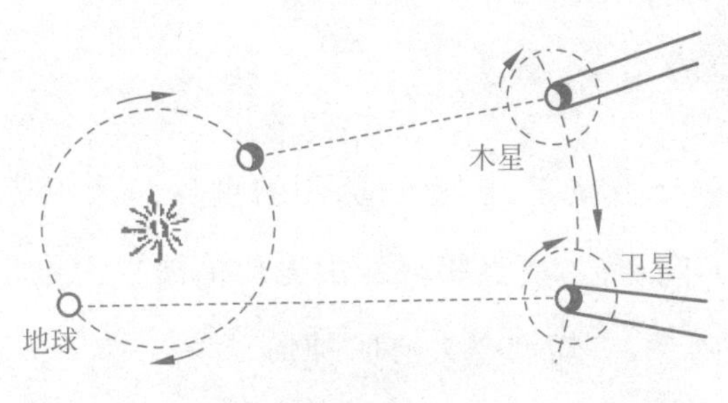

图 9.1.2

哈雷彗星的回归，是 17 世纪又一个激动人心的发现。1682 年，英国天文学家哈雷对那一年出现在天空中的一颗明亮的彗星进行了认真的推算，发现这颗彗星是沿一个长椭圆形轨道运行，它将于 1758 年回归地球。1743 年，法国数学家克雷罗考虑到木星和土星的影响，对哈雷的计算加以修正，得出这颗彗星将于 1759 年回归地球。到了 1759 年，人们等待已久的，哈雷预言的彗星果然又一次出现在星空。但此时哈雷已经故去。人们为了纪念他，便把这颗彗星以哈雷的名字命名。哈雷彗星回归的周期为 76 年，下一次将于 2061 年出现。但愿读者到时都能目睹这颗神奇而美丽的星体！

科学的预言，既表现出人类的智慧，也体现出数学的威力。笔尖下的发现，则是人类运用数学工具征服自然的叹为观止的成就。

预言也有出差错的时候，那是由于思维的局限和数学知识的匮乏。如上面讲到的哈雷彗星，一些天文学家经过推算后曾预言：1910 年它回归地球时，将和地球正面相撞，并造成人类的毁灭！这一“预言”曾经引起了一

阵世界性的恐慌,但最后却发现计算上存在差错。重新计算的结果表明,地球只是穿过彗星稀薄的尾部。到了1910年,哈雷彗星果然归来。人们除了看到这颗美丽的星体,还多了一些流星雨。这个世界太平如故!

人类笔尖下的发现,无疑还能举出很多。不过有一点是可以肯定的:数学的进步,将为人类征服自然、预见未来提供更加有效的智慧工具。

2. 晶体世界的范类

我们生活在一个万紫千红、变幻莫测的世界。天工造物,常常壮丽得使人赞叹不已;人间巧艺,更点缀得江山无比绮丽!无论是大自然的赐予,还是人类的精思妙作,一切都令人心旷神怡。

然而,那五光十色的物质世界,仅仅由100多种化学元素所构成,那么眼前这千奇百怪的形状世界又将怎样呢?

晶体在形状世界中是最为引人注目的,一颗华丽的钻石,闪烁生辉,坚硬无比,那是由世上最为常见的碳原子,按照一种极为对称的排列而构成的纯晶体(图9.2.1)。人们最常见的食盐则为普通的立方体晶形。一颗石英,晶莹透亮,那是一种与花岗岩相同成分的六角柱状晶体。图9.2.2是构成石英的二氧化硅晶体模型,图中黑点代表硅原子,白点代表氧原子。

图 9.2.1

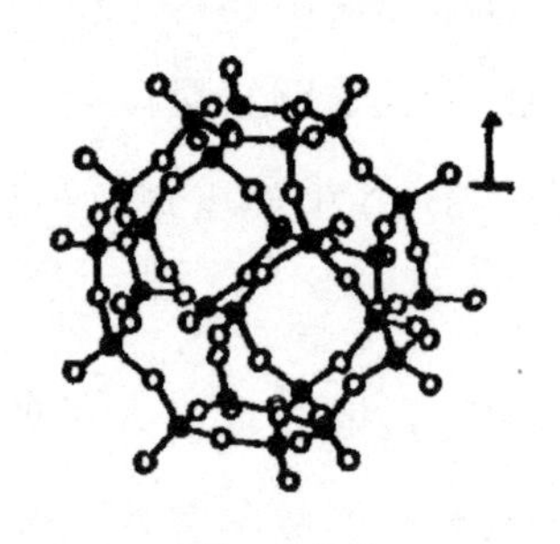

图 9.2.2

人们常见的铅笔芯,是一种叫石墨的原料制成的。当铅笔移动的时候,石墨层滑落,于是在纸上留下了清晰的痕迹。石墨的这种性质,是由于它内部的碳原子有规则地组成平面层，而后又层层相叠，如此而已（图 9.2.3）。使人难以置信的是，这种深黑色的石墨晶体已被科学证实为华丽金刚石的“孪生兄弟”！

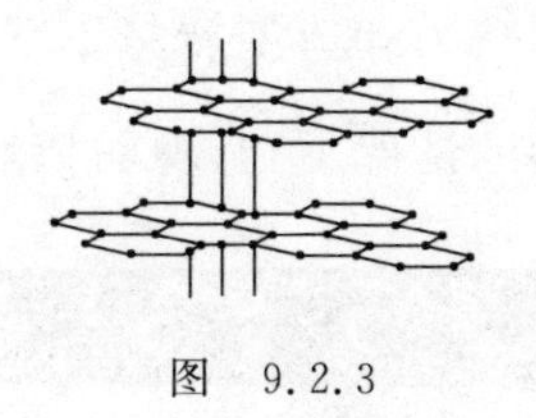

图 9.2.3

几乎所有的矿物都是晶体。然而晶体却并非矿物所独有。最常见的例子是雪花，在放大镜下观察可以发现，那是由六角形状的冰晶组成的（图 9.2.4）。

图 9.2.4

然而，晶体的几何结构并非随意的。1885 年，俄国青年矿物学家费德洛夫论证了：一切晶体的结构，只能有 230 种不同对称要素的组合方式。费德洛夫的结论轰动了整个化学界，其本人后来也因结晶学上的成就，被选为彼得堡科学院院士。有趣的是，费德洛夫的论证实质上并不涉及化学，而仅仅是使用了数学工具而已！此后，1912 年，德国科学家 M. F. 劳埃利和英国科学家 W. 布拉格父子，用 X 射线照射晶体，使人们能直观洞悉晶体美丽外形下的内部规则。从而在实践上证实了费德洛夫用数学理论所构筑丰碑的牢固性！

后来数学家们继续研究，发现如果仅从晶体的外形的不变性考虑，那么还可以得到一个比较粗糙的分类——32 晶类。

类似于晶体世界范类的平面花饰，早在远古时代，人们就已学会使用和鉴赏。无论是古埃及或古巴比伦的艺术、文物，还是东方中国的青铜、陶器，都表现出人类出色的洞察力和造型智慧。图 9.2.5 是我国敦煌壁画上的边饰，即使在省略其色彩的情况下，其瑰丽依然令人叹为观止！

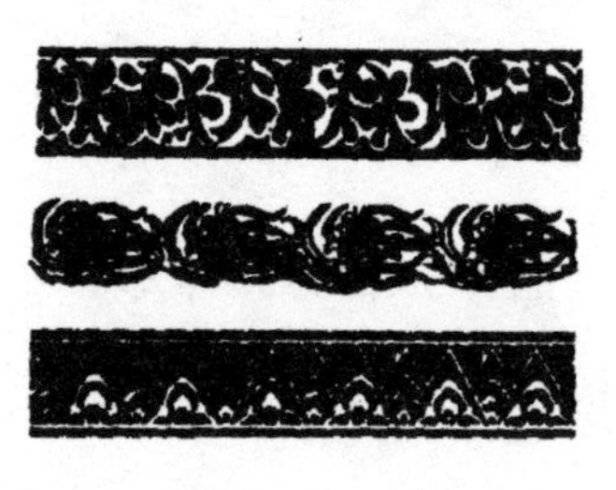

图 9.2.5

然而人类真正从数学理论上加以研究，那还是 20 世纪的事。1924 年，法国数学家波雅用数学中群论的观点，证明了类似于费德洛夫关于晶体范类的结论：即使带饰不变的对称动作只有 7 种，而使面饰不变的对称种类也只有 17 种。

波雅所说的带饰是指：一个图形单位，沿同一方向经过若干单位平移后，所形成的全部图案。使带饰不变的动作比较简单，如图 9.2.6 所示。

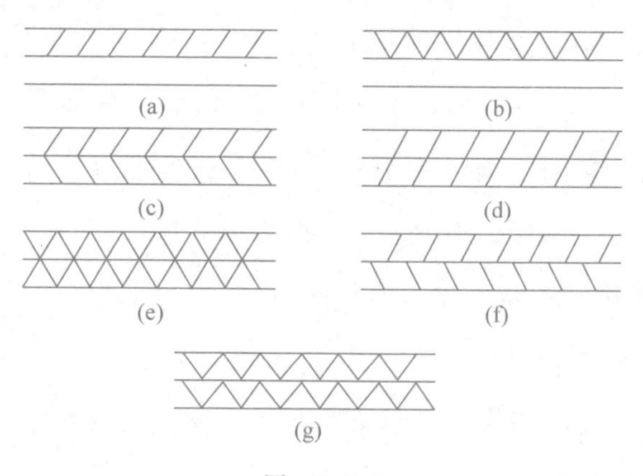

图 9.2.6

波雅所说的面饰，即平面形状世界的范类，是指一个图形单位，经过两组不相平行的若干单位的平移后，所形成的全部图案。在面饰不变的 17 种对称种类中，使单位格子不变的动作共有 10 种，它们是：

(1) 不动；

(2) 旋转$\frac{1}{k}\times 360°$，其中 $k=2,3,4,6$；

(3) 对一轴作反射(即翻转)；

(4) (2)与(3)的结合。

使面饰不变的动作，还可以加上平移和如同图 9.2.7 那样的滑动反射：

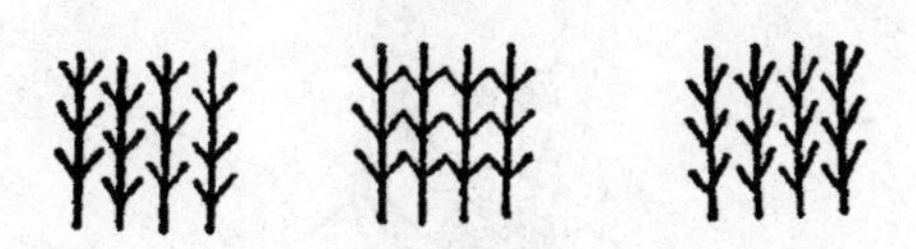

图 9.2.7

3. 物理学的翅膀

在一个学科的童年，人们只能粗略地描述它的规律。随着这门学科渐趋成熟，人们对它内在规律的研究必须更加精密。这时，引进和使用数学工具将不可避免。

翻开物理学的历史可以发现：物理学发展的每一个篇章，都与数学科学有着异乎寻常的关系！

被誉为“天空立法者”的德国天文数学家开普勒，他对于行星运动的研究，是师承于丹麦天文学家第谷。第谷当时任布拉格天文台台长，他耗费了 30 年的心血，积累了当时已知的六大行星绕太阳公转的周期 P 和行星椭圆轨道长半轴 a 的精确资料(表 9.3.1)：

表 9.3.1　六大行星的公转周期与轨道长半轴

项　目	水星	金星	地球	火星	木星	土星
轨道长半轴 a/天文单位	0.387	0.723	1	1.524	5.203	9.539
周期 P/年	0.241	0.615	1	1.881	11.860	29.460

然而，第谷虽然勤于工作，却疏于分析。他面对着这"天女散花"般的数字，终于感慨万千而抱恨逝去。1601 年，开普勒继承了第谷的未竟事业。虽然极尽辛劳，但依旧茫无头绪！就在这"山重水复疑无路"之际，数学天空的惊雷，给了天文学"柳暗花明"的契机。

纳皮尔(1550—1617)

1614 年，苏格兰数学家纳皮尔(Napier)的《关于奇妙的对数法则的说明》发表。对数的发明，一下子厘清了长期以来萦绕在开普勒脑际的思路。说来也简单，开普勒后来的工作，只是把第谷表上的数字，各自取一下对数，如此而已(表 9.3.2)！

表 9.3.2　六大行星与对数

对　数	水星	金星	地球	火星	木星	土星
$\lg a$	−0.412	−0.141	0	0.183	0.716	0.980
$\lg p$	−0.618	−0.211	0	0.274	1.074	1.469

从表 9.3.2 中可立即看出

$$\lg a : \lg p = 2 : 3$$

即 $$a^3=p^2$$

这就是著名的开普勒第三定律。

展翅蓝天，这在多少世纪里曾经是人类追求的梦想。但今天，得助于物理学和数学的紧密结合，这一梦想终于成了现实！

在20世纪初，航空事业徘徊于滑翔机试验阶段。人们在实践中盲目地进行艰苦的摸索。因为那时的科学界普遍认为：飞行只能通过一次又一次的失败，才能谋求到真知。当时毕业于莫斯科大学数学系的儒可夫斯基致力于气体绕流的研究。他觉得：飞行的症结在于找到一个良好的机翼。经过长时间不懈的努力，儒可夫斯基终于成功地解决了空气动力学的主要课题，创立了机翼升力原理，找到了设计优良翼型的方法。他匠心独运，引进了复变函数。

$$\omega=f(z)=\frac{1}{2}\left(z+\frac{a^2}{z}\right)$$

这个函数可以把 z 平面（$z=x+\mathrm{i}y$）上的一个图形，变换为 W 平面上的另一个图形（图9.3.1）。

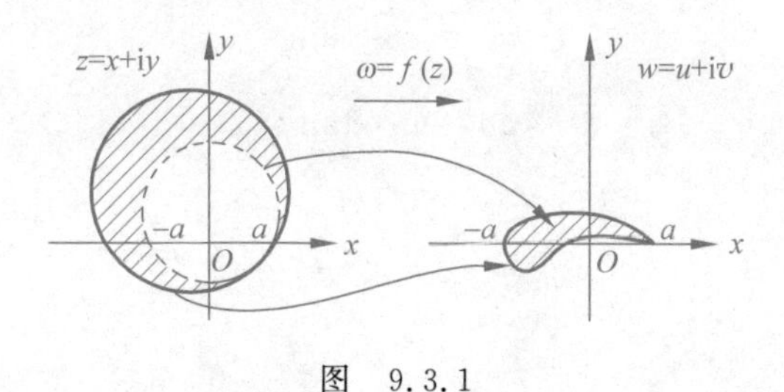

图 9.3.1

儒可夫斯基通过数学理论证明了：在 z 平面上，与过 a、$-a$ 两点的圆相切的圆，通过变换 $\omega=f(z)$，将变为 W 平面上的飞机翼型截面（图9.3.1）。从而为设计各种优良的翼型提供了科学的资料。1906年，儒可夫斯基预言的飞行中翻筋斗的可能性在实践中成为现实，一位俄罗斯中尉完成了世界上第一次空中“翻筋斗”的表演。

为纪念儒可夫斯基造福人类的不朽功绩，人们尊称他为“航空之父”；并把他所使用的那个数学变换 $\omega=\frac{1}{2}\left(z+\frac{a^2}{z}\right)$，命名为儒可夫斯基函数。

爱因斯坦是近代唯一可以与牛顿相比肩的伟大物理学家。他所创立的相对论，彻底改变了人们对旧有时空观念的认识，并由此引起了物理学基础理论的重大变革。然而爱因斯坦的成就与数学科学的发展密切相关。21 世纪初，李代数表示论、张量分析和黎曼几何作为数学的分支渐趋成熟，一系列的理论成果为相对论的诞生准备好了数学工具。而相对论和量子力学的发展，也推波助澜，促使这些数学分支进入鼎盛时期！《相对论的意义》是爱因斯坦的传世之作，发表于 1922 年。下面是该书中的一段叙述：

“闵可夫斯基由于引入虚值的时间变量 $x_4=\mathrm{i}l$，便使得物理现象中四维连续区域的不变量理论，完全类似于欧几里得空间中三维连续区域的不变量理论。”

在上述理解下，爱因斯坦从图 9.3.2 推出：坐标系 k' 相对于坐标系 k 的速度 v 可用虚角 φ 来表示：

$$\begin{cases} v_1=\mathrm{i}c\cdot\tan\varphi_1 \\ v_2=\mathrm{i}c\cdot\tan\varphi_2 \end{cases}$$

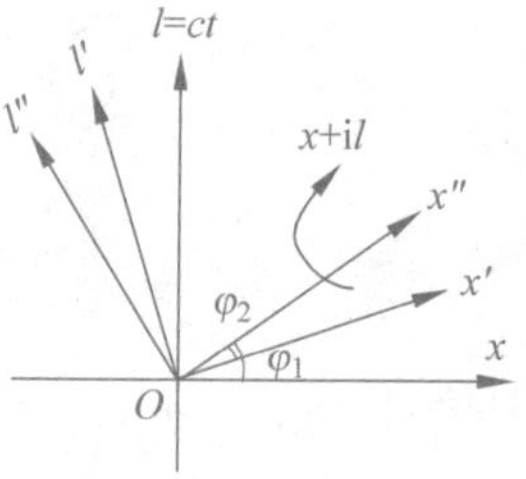

图 9.3.2

而具有相对速度 v_1、v_2 的两速度相加则为

$$v=\mathrm{i}c\cdot\tan(\varphi_1+\varphi_2)=\mathrm{i}c\cdot\frac{\tan\varphi_1+\tan\varphi_2}{1-\tan\varphi_1\cdot\tan\varphi_2}$$

$$=\frac{v_1+v_2}{1+\left(\frac{v_1}{c}\right)\left(\frac{v_2}{c}\right)}$$

这样，爱因斯坦便得出了完全不同于牛顿力学的速度叠加公式！而牛顿力学的速度叠加公式则可视为上述公式在低速世界中的一种近似。

物理与数学之间的密切联系，几乎遍及于物理学的所有分支：牛顿经典力学与微积分的发展；刚体的旋转与偏微分方程解；电磁场理论与麦克斯韦方程；量子力学与希尔伯特空间理论；规范场论与代数拓扑学；……物理学的发展为数学的研究提供了丰富的原型，数学的工具则为物理学的发展插上了有力的翅膀！

4. 市场经济的模型

数学在经济领域的作用，已经没有人感到怀疑了。尽管诺贝尔奖中没有设置数学奖，但利用数学的工具，在经济学上取得巨大成果，而获得诺贝尔奖的人却一个接着一个！

市场是社会经济最活跃的部分。在市场经济中，供与需，即生产与消费，是一对永恒的矛盾。

价格规律则是左右市场经济的杠杆。对生产者来说，高价格必然刺激高产量，因此反映生产者立场的供给曲线呈上升态势。而对消费者来说，高价格肯定导致低需求，因此反映消费者立场的需求曲线呈下降趋势。

图 9.4.1 反映了某种产品投放市场后引起的一系列价格变化的过程。图中 $y=f(x)$ 是相应于该产品的供给曲线，而 $y=\varphi(x)$ 则为相应的需求曲线。

现在假定从 A 点开始；此时产品匮乏(x_1)，价格居高(y_1)，从而刺激了生产者的积极性，把产量提高到 x_2，即处于 B 状态；但此时市场饱和，引起价格猛跌至 y_2，即处于 C 状态；这时又由于价格偏低，厂商觉得无利可

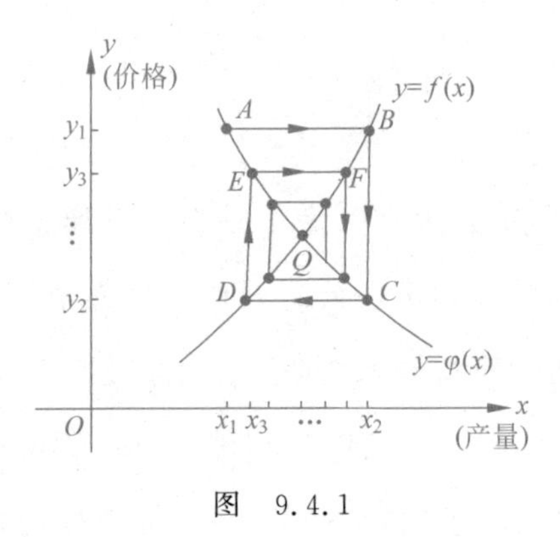

图 9.4.1

图，便缩减产量至 x_3，即处于 D 状态；但这样一来又造成货源短缺，价格再次抬高达 E 状态；……如此几经往复，供需渐趋平衡，并逼近于供给曲线 $y=f(x)$ 与需求曲线 $y=\varphi(x)$ 的交点 Q。

上述过程，实际上是整个大市场的缩影。由于产量和价格的浮动过程在数学的图像上很像一张蜘蛛网，所以在经济学上称之为“蛛网模型”。

下面我们假定供给曲线 $y=f(x)$ 和需求曲线 $y=\varphi(x)$ 都是直线的简单情况下，来定量研究一下市场调整的过程。

$$f(x)=px+q \quad (p>0,q>0)$$

令

$$\varphi(x)=-rx+s \quad (r>0,s>0)$$

假定时间 t 以月为单位，第 t 月某产品的产量和价格分别为 x_t 和 y_t。由于上个月的价格 y_{t-1}，决定了这个月的产量 x_t；而这 x_t 的产品则被消费者以这个月的价格 y_t 买走。根据以上关系可得

$$\begin{cases} y_{t-1}=px_t+q \\ y_t=-rx_t+s \end{cases}$$

整理后得

$$y_t=\left(-\frac{r}{p}\right)y_{t-1}+\frac{sp+rq}{p}$$

这是一个价格变化的递推公式。如果 y_0 是起始的价格，我们有第 t 月的价格：

$$y_t=\left(-\frac{r}{p}\right)^t y_0+\frac{sp+rq}{P+r}\left[1-\left(-\frac{r}{p}\right)^t\right]$$

下面我们讨论经市场调节后可能出现的几种状态：

（1）价格趋稳

当 $r<p$ 时，此时 $\left(-\frac{r}{p}\right)^t$ 趋于 0，从而

$$y_1\to\frac{sp+rq}{p+r}$$

这表明价格趋于稳定状态。在市场“蛛网模型”上（图 9.4.2），表现为收敛于一个均衡点 Q。

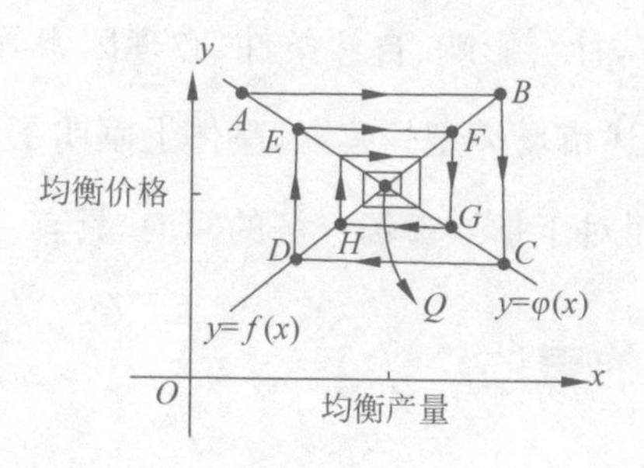

图 9.4.2

（2）价格摆动

当 $p=r$ 时，即供给曲线与需求直线的斜率绝对值相等，代入价格公式可得：当 t 为偶数时，$y_t=y_0$；当 t 为奇数时，$y_t=y_1$；从市场的“蛛网模型”看（图 9.4.3），过程处于一种平衡状态，价格在 y_0 与 y_1 之间摆动。

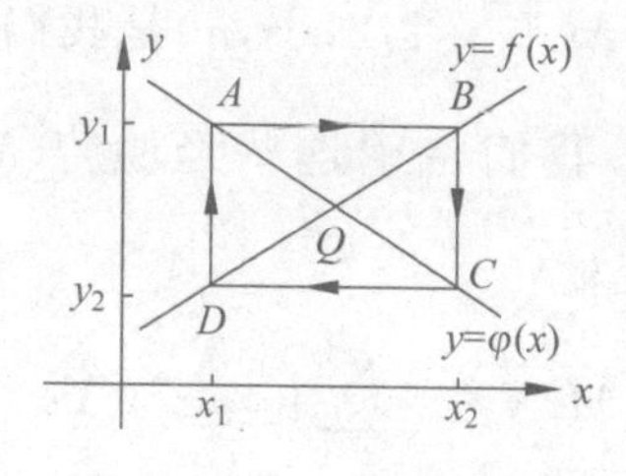

图 9.4.3

(3) 市场失控

当 $r>p$ 时，y_t 大起大落，价格失去平稳，在“蛛网模型”上表现为发散(图 9.4.4)。此时市场失控，这是市场经济中需要力求避免的！

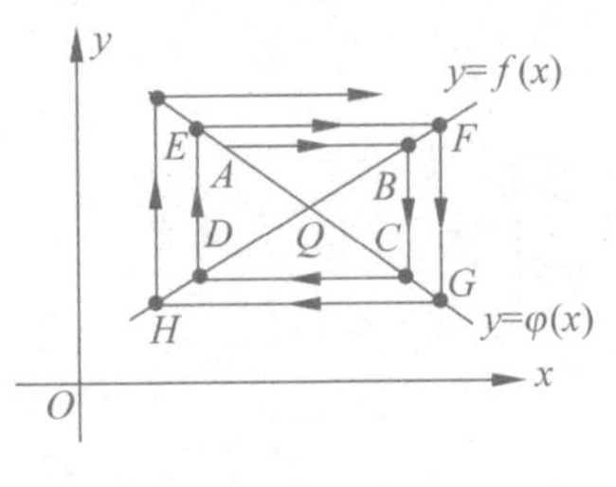

图 9.4.4

上述市场经济的数学模型，描述了一种理想的市场调节图案。现实的市场自然要复杂很多，社会影响、自然条件、心理因素等变化，都会引起市场均衡的破坏。然而上述市场模型的建立，整体上阐明了商品价格和产量的动力起作用的方向，从而对于指导市场经济的倾向，具有一定的现实意义。

5. 考古史上的奇迹

1795 年，年仅 18 岁的德国数学家高斯，提出了一种求拟合于 n 个经验点的最理想直线的方法。这种实用性很强的方法，后来在数学上变得非常有名，叫作“最小二乘法”。

最小二乘法的思路是这样的：假定我们观察到 n 个经验点

$$(x_1,y_1),(x_2,y_2),\cdots,(x_n,y_n)$$

现在设想，这 n 个经验点 $M_i(i=1,2,\cdots,n)$ 是我们对直线 $y=Ax+B$ 上点观测时的误差。很显然，我们希望这些经验点 M_i 与直线上相应点 N_i(图 9.5.1)之间的以下变量

$$f=\sum_{i=1}^{n}\overline{M_iN_i}^2=\sum_{i=1}^{n}[y_1-(Ax_i+B)]^2$$

能够取极小值。

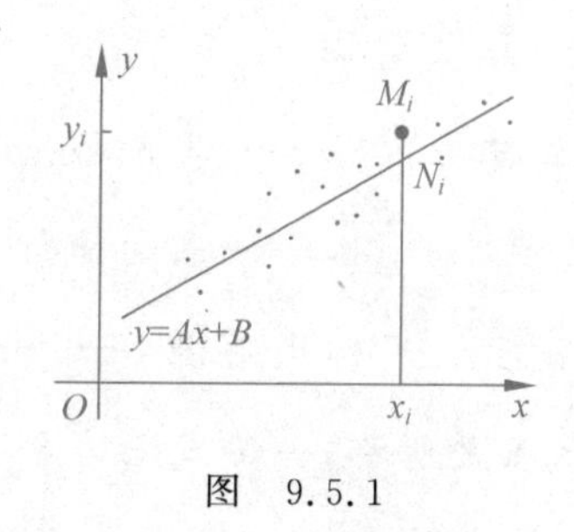

图　9.5.1

把上述 f 分别写成关于 A 和 B 的二次函数,并求极值。可以得到一个关于 A、B 的二元一次方程组,并从中确定参数 A、B 的值。从而得出一条最逼近于 n 个经验点的直线:

$$y=Ax+B$$

下面是一个考古史上的奇迹。读者将会惊异地看到:最小二乘法等数学工具是怎样帮助历史学家解开了一个千古之谜!

传说古代有一个强盛的邪马台国,日本国的文化发祥于此地。然而,由于时间的推移,人们失去了关于它的记载。所以古邪马台国究竟位于日本岛的何方,竟成了日本国历史上的一个不解之谜!

有趣的是,作为邻国的中国,却记载着一段不寻常的历史:239 年,邪马台国女王卑弥呼曾派遣使臣前往当时魏国的京都洛阳,向魏明帝(曹操的孙子)进贡物品。魏明帝赐卑弥呼为"亲魏倭王",并赏给黄金丝绸等大批物资。不过,这一史实虽然记述了两国友好交往的准确时间,但却没有告知邪马台国所位于的具体地点。

话说日本东京大学有一位历史学教授叫平山朝治。此人不仅精通历史,而且长于数学。一天,平山教授正在书房翻看中国古籍史书《三国志》。突然,其中一篇《魏志·倭》进入他的眼帘。文中记述了当时魏国使臣前往倭国的实际行程。一种突如其来的灵感,使平山对邪马台国产生了浓厚的兴趣。于是他怀着兴奋的心情,细心研读了文中的段落。但见写道:

“从郡至倭，循海岸水行，历韩国，乍东乍南，到其北岸狗邪韩国，七千余里，始渡一海，千余里至对马国。……又南渡一海千余里，……至一大国，……又渡一海，千余里至末卢国，……东南陆行五百里，到伊都国，……东南至奴国百里，……东行至不弥国百里，……南至投马国，水行二十日，……南至邪马台国，女王之所都，……或七万余户。”

然而，当平山读完全文后，原先热乎乎的心仿佛凉了半截！原来这中间存有几个谜中之谜：第一，文中的路程均以百里、千里计，水行甚至以日计程，其模糊性跃然纸上；第二，《魏志·倭》传中的“里”与现今的“里”，存在着明显的差异。平山的担心无疑是有道理的。三国时期所采用的长度单位和今天大不相同。《三国演义》中描写刘备身高 7.5 尺，张飞身高 8 尺，关云长身高 9 尺。若按现在三尺一米换算，他们的高度均堪称世界之最！尤其关云长，竟高达 3 米，远远超过吉尼斯纪录的古今人体高度上限 2.72 米！

不过，平山并没有因此而灰心丧气。他慧眼独具，从书中传的字里行间的差异分析出了伊都应当是使者的大本营。“对马”和“一大国”，分别为现今的对马岛和壹岐岛。这样，平山就使自己的所有数据有了一个可供信赖的参照点。从而使得他能够运用科学的最小二乘法，找出了“魏”时的“里”与现今“公里”之间的如下函数关系：

$$y=0.0919x-9.90$$

并由此判定，伊都即如今日本国本州岛的福冈县(图 9.5.2)。

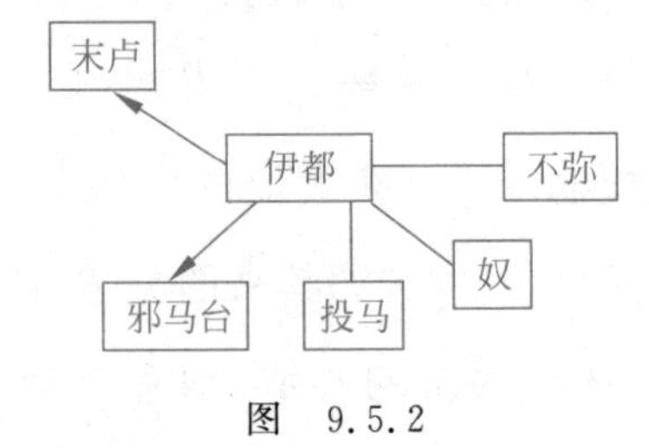

图 9.5.2

不过，接下来又出现了新的问题。因为据此推出的邪马台国竟坐落在九州岛的荒凉山区。这是不可思议的！因为无法解析，当初有七万余户的繁华国都，如今竟会是不毛之地，而且没有留下半点蛛丝马迹！

经过反复研究，最后还是数学理论帮了忙。分析表明：使者走的并非一条直线，而是类似于人在大漠中行走那样，走出的是一条弧线。经过修正后，平山教授得出了以下惊人的结论："古邪马台国的中心，位于现日本福冈县的久留米。"

有消息表明，这一由数学知识创造的考古史上的奇迹，已为考古实践所证实。目前，人们正在久留米一带极力地寻找卑弥呼女王的寝陵！

6. 竞争中的对策

竞争，是当今社会的一种普遍现象。有竞争必然有对策。尽管有关对策的理论创立至今不足百年，但对策的思想却自古有之。战国时期"田忌赛马"的故事就是一个精彩的例子。

齐王与大将田忌商议赛马。双方约定：各出上、中、下三种等级的马各一匹，每轮举行三场对抗赛，输者每输一场要付给胜者一千两黄金。由于田忌的马比齐王同等级的马都要略逊一筹，而在头一轮比赛中双方都用同等级的马进行对抗，所以齐王很快赢得了全部三场的胜利。

鉴于第一次赛马的惨败，所以当齐王满面春风地再次邀请田忌赛马时，田忌对这种必败的赛事很感为难。这时，他的军师孙膑给他出了一个主意：用自己的下等马对国王的上等马比赛；用自己的上等马对国王的中等马比赛；用自己的中等马对国王的下等马比赛。田忌照计行事，结果这次非但没有输掉比赛，反而赢了一千金！

在"田忌赛马"的例子中，齐王两轮中的策略都是以"上、中、下"马的顺序出阵。而田忌第一轮也以"上、中、下"马的顺序出阵，结果输了三千金；

第二轮改变为以“下、上、中”马的顺序出阵，却赢了一千金。这一例子生动地说明，在竞争中对策是极为重要的。处于劣势的一方，如果选取的策略得当，那么就能减少损失，甚至反败为胜。

下面是“二战”期间一个著名的军事对策。

1943年2月，美军获悉：日本舰队集结于南太平洋的新不列颠岛，准备越过俾斯麦海开往新几内亚。美西南太平洋空军司令肯尼奉命拦截轰炸日本舰队。从新不列颠岛去新几内亚有南北两条航线，航程均为三天。未来三天的气候，北路阴雨连绵，南路晴好。美军在拦截前要派机侦察，等发现日舰航线后，再出动大批飞机轰炸。

对美军来说，可供的对策如下：

(N,N)方案：集中侦察北路，派少量飞机侦察南路，日航正好走北路。这时，虽说北路天气不好，但由于搜索力量集中，因此可望在一天内发现日航，轰炸的时间有两天。

(N,S)方案：集中侦察北路，派少量飞机侦察南路，日舰走南路。因为南路天气晴好，少量侦察机用一天时间也能发现日舰，轰炸时间也有两天。

(S,N)方案：集中侦察南路，派少量飞机侦察北路，日舰走北路。少量的飞机在阴雨的北路侦察，发现目标需要两天，轰炸时间只有一天。

(S,S)方案：集中侦察南路，派少量飞机侦察北路，日舰也走南路。则可望立即发现日舰，这样能够有三天的轰炸时间。

以上各种对策，美方赢得的轰炸天数，可以简列如表9.6.1：

表9.6.1　方案列表

美方	日方	
	N	S
N	2	2
S	1	3

在所有对策方案中，对美方最为有利的方案是(S,S)，因为它可以为美方争得三天的轰炸时间。但由于日方的对策预先无法知道，如果贸然集中力量侦察南路，很可能会落得最差的(S,N)结果。同样，日方在考虑对策时，既要看到对自己最有利的方案(S,N)，也要估计到对自己最不利的方案(S,S)。因此，对日舰而言，走南路是一步险棋！美军司令肯尼将军大约就是分析了日军的这一心理，才毅然决定把搜索的重点放在北路。结果这场载入史册的俾斯麦海海战，以日舰覆灭而告终！

对策论的主体思想，用形象的语言来表达就是，从最坏的可能入手，去寻求最好的结果。在数学上这意味着：获胜的一方要从极小中去求取极大；失败的一方则从极大中取极小。

那么，对策模型中如何才能体现上述对策思想呢？

我们用 $A_1,A_2,A_3,\cdots,A_m$；$B_1,B_2,B_3,\cdots,B_n$ 分别表示对策双方(甲、乙)的所有策略，而以 a_{ij} 表示当甲取策略 A_i，乙取策略 B_j 时，甲的赢得(同时也是乙的赔付)矩阵

$$\boldsymbol{J}=\begin{pmatrix} a_{11} & a_{12} & \cdots & a_{1n} \\ a_{21} & a_{22} & \cdots & a_{2n} \\ \vdots & \vdots & & \vdots \\ a_{m1} & a_{m2} & \cdots & a_{mn} \end{pmatrix}$$

称为该对策的支付矩阵。

由于对策双方的指导思想是做最好的打算，但又考虑最坏的可能。所以，当甲方取 A_i 策略时，必须考虑到当乙方采用某种策略应对时，使自己只能取得

$$\min_j(a_{ij})$$

从而对所有的 i 去追求以上赢得的最大值，即求

$$p=\max_i[\min_j(a_{ij})]$$

这里 p 是甲在对策中可以稳获的赢得。

同理，乙方取 B_j 策略应对时，必须考虑到当甲方采用某种策略对付时，会使己方赔付最大为

$$\max_i(a_{ij})$$

从而对所有的 j 去追求以上赔付的最小值，即求

$$q=\min_j[\max_i(a_{ij})]$$

前面讲到，给出支付矩阵的对策，称为“矩阵对策”。所以，上述对策模型也称“矩阵对策”模型。又因甲的“赢得”即为乙的“赔付”，其又称为“零和”对策。

下面一道有趣的问题，将给我们极大的启迪。

有 $m\times n$ 个人，排成 m 行、n 列的人阵。现从每行中找出本行最矮的人(图 9.6.1 中用 ⊕ 表示)，再在各行最矮的人中选出最高者（图 9.6.1 中用“●”表示)，把这个人称为“矮高”。现在再从每列中找出最高的人(图 9.6.1 中用 * 表示)，而后从各列最高的人中选出最矮者(图 9.6.1 中用“★”表示)，把这人叫作“高矮”。现在问：是“高矮”高呢？还是“矮高”高？

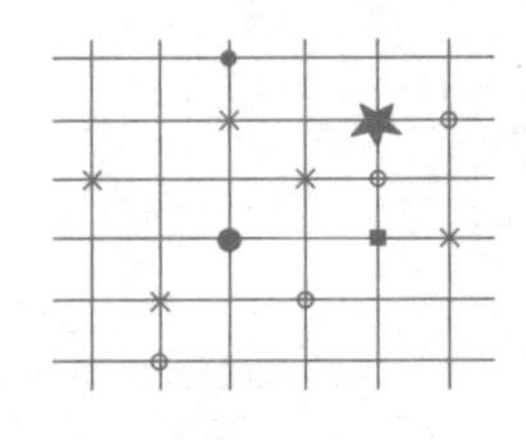

图 9.6.1

答案是肯定的：“高矮”绝不会低于“矮高”。

事实上，如果“★”与“●”重合，则“高矮”同“矮高”是同一个人，当然一样高。如果“★”与“●”在同一行或同一列，那么根据他们各自的规定，“矮高”是不可能高于“高矮”的。最后，如果像图 9.6.1 那样“★”和“●”在不同的行和列，那么我们取“●”所在的行和“★”所在的列的交叉处为“■”。根据规定，同在一行的“●”和“■”，前者不会比后者高；又在同一列的“■”

和“★”，前者也不会比后者高。因此“●”绝不会高于“★”(图 9.6.2)。

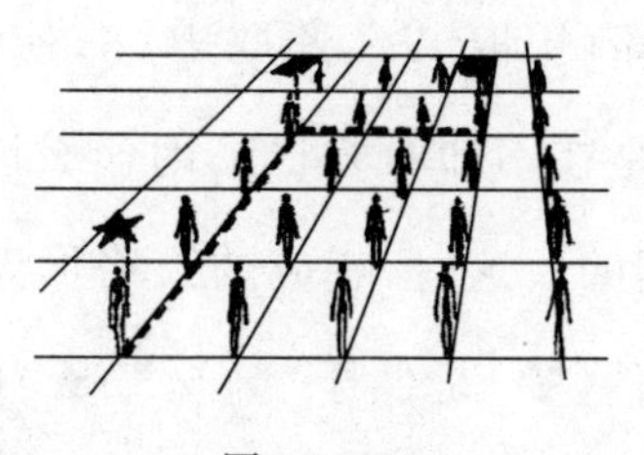

图 9.6.2

总之，对于三种情况都有“矮高”不高于“高矮”。特别地，当“矮高”与“高矮”一样高时，“★”“■”和“●”三者的高度必须是相等的。

现在回到前面的对策问题上来。如果一个二人对策，甲方的赢得矩阵是 $\boldsymbol{J}$。

这就像上面讲的 $m\times n$ 人阵一样。对甲方来说，要找的是各行最小赢得中的极大，即找“矮高”——“●”。意即

$$p=\max_i[\min_j(a_{ij})]=\text{“●”}$$

而对乙方来说，则需要找各列对方最大赢得中的极小，即找“高矮”——“★”。意即

$$q=\min_j[\max_i(a_{ij})]=\text{“★”}$$

上述智力问题给出的启示是：对于任何的矩阵对策都有

$$p=\max_i[\min_j(a_{ij})]\leqslant q=\min_j[\max_i(a_{ij})]$$

即
$$\text{“●”}\leqslant\text{“★”}$$

如果在矩阵中，“●”与“★”一样大，即 $p=q$，这时，数 $a_{i_0j_1}$(图 9.6.3 中的★位置)既是横行中最大数的最小者，同时又是纵列中最小数的最大者。

$$\boldsymbol{J}=\begin{pmatrix} \cdots & \bigstar\ \cdots & \cdots \\ a_{i_0j_1} & a_{i_0j_0} & \\ \cdots & \cdots & \cdots \\ a_{i_1j_1} & & \\ \cdots & \cdots & \cdots \end{pmatrix}$$

图 9.6.3

具有上述性质的数，我们称之为“鞍点”。有鞍点的对策，表明对策的双方都有很理智的纯策略（甲取 A_{i_0}，乙取 B_{j_1}），使自己相对的“赢得”最大和“赔付”最少。因为这是在不知对方将采用什么策略的情况下，对双方来说，都是最保险和最有利的。这时，相应的策略称为对策的最优纯策略。

在一般情况下“矮高”（●）是低于“高矮”（★）的，即 $p<q$。这时最优纯策略不存在。“田忌赛马”就是一种没有最优纯策略的对策。“锤子、剪刀、布”的游戏，也是一种没有最优纯策略的对策。因此这样游戏的胜负，必须靠随机性而定。对策论的创始人之一，冯·诺依曼证明了：这时双方虽然不存在很理智的纯策略，但必存在混合策略，即甲以 p_i 的概率取策略 A_i，而乙以 q_j 的概率取策略 B_j［以上记为 $f(p_i,q_j)$］，使得

$$\max_i[\min_j f(p_i,q_j)]=\min_j[\max_i f(p_i,q_j)]$$

下面的例子将使读者看到，在对策中上述策略思想是怎样运用数学的手段予以体现的。

例如：甲、乙二人对策，甲有 A_1、A_2 两种策略，乙有 B_1、B_2、B_3 三种策略；相应于甲方的赢得矩阵如下：

$$\boldsymbol{J}=\begin{pmatrix}3 & 2 & 1\\ -1 & 0 & 3\end{pmatrix}$$

假令甲以概率 p 和 $1-p$ 取策略 A_1 和 A_2，乙则以同等的机会取其三种策略之一。对甲来说，当乙取 B_1、B_2、B_3 策略时，可能的赢得 $E_1(p)$、$E_2(p)$、$E_3(p)$ 如下：

$E_1(p)=3p-(1-p)=4p-1$

$E_2(p)=2p$

$E_3(p)=p+3(1-p)=3-2p$

现在的问题是，如何在 $E_1(p)$、$E_2(p)$、$E_3(p)$ 的极小中，去求取相应的极大的 p 值。显然，图 9.6.4 中的粗线即为 $E_1(p)$、$E_2(p)$、$E_3(p)$ 中的

较小者，从而图中的 M 点即为所求的极小中的极大。相应于 M 点的 p 值，可以算出 $p^*=\frac{3}{4}$。这意味着甲方应以$\frac{3}{4}$的概率取策略 A_1，而以$\frac{1}{4}$的概率取策略 A_2；这样，将有望取得最理想的赢得 $E=\frac{3}{2}$。

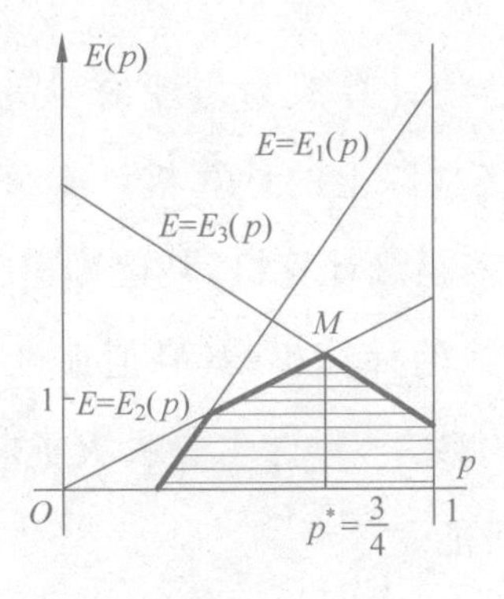

图 9.6.4

对策论从 1944 年冯·诺依曼和摩根斯坦发表奠基性文章《对策论与经济行为》至今只不过数十年。这门处理竞争与对抗的数学，在理论和应用两条战线上都取得了巨大成果。被誉为西方文明发展的“第 17 个里程碑”。今天的对策论，其面目也远非半个多世纪前所能相比。各种对策分支，如微分对策、动态对策等如雨后春笋般涌现。计算机技术的高度发展，更促进了对策与“智能模拟”的相交融，它将创造出怎样的人间奇迹，人们也正拭目以待！

冯·诺依曼(1903—1957)

7. 计算机带来的革命

计算机的出现,使人类社会经历了一场深刻的变革。这场用计算机替代人脑劳动的革命,甚至冲击了一向以严谨思维著称的数学本身,打破了数学学科中原有的平衡。

首先,计算机的出现,使计算成为与理论和实验并列的第三科学。今天,每秒运算速度达10亿次以上的计算机已十分普遍。我国的神威—太湖之光、美国的Summit等超级计算机,其运算速度更高达2×10^{17}次每秒以上。今天,全球运算最快的计算机,其峰值速度竟高达5.13×10^{17}次每秒(Fugaku超算,日本,2021年)。许多过去人类“望洋兴叹”的设想,在这种高速运算下变得都有可能。

四色定理的证明就是一个典型的例子。一个人的生命大约只能延续30亿秒。对于需要百亿次逻辑判定的四色问题来说,自然不是一个或几个人所能及的,除非在方法上找到了神奇的捷径。然而百亿次判定对于高速计算机并不是什么难事。事实上,这一难题已于1976年被两名美国数学家用计算机基本上解决了!

对于计算机,人类的智慧表现于:设计“有限”的程序,让计算机实施“无限”的计算。对此,数学家们的拿手好戏是一种叫迭代的算法。

例如计算一个正数a的算术根,数学家们找到了这样的函数:

$$f(x)=\frac{1}{2}\left(x+\frac{a}{x}\right)\quad(a>0)$$

这个函数有明显的正不动点$x^*=\sqrt{a}$。现在设计如下的迭代

$$\begin{cases}x_0>0\\ x_{n+1}=f(x_n)=\frac{1}{2}\left(x_n+\frac{a}{x_n}\right)\end{cases}$$

可以证明,数列$\{x_n\}$单调递减,并迅速地趋向于极限$\sqrt{a}$。依照上述迭代方法设计出的程序,便能让计算机以极高的速度和精度求出$\sqrt{a}$的近似值。

当然,计算机也并非万能。运算速度再快,在目前也还有一个上限。例如,对以下的“货郎担问题”,就目前来看,计算机同样无能为力!

所谓“货郎担问题”是这样的:某货郎担要走遍n个城镇,在路线不许重复的规定下,如何确定一条最短的线路?

货郎担所走的全部可能的路线有$(n-1)!$种。比如有26个城镇,那么货郎担所走的线路数就约有1.55×10^{25}种。要在如此众多的线路中,通过比较确定出一条最短的线路,即使我们开动每秒运算10亿次的“银河Ⅱ”巨型机,也要算上近5亿年。这实际上是不可能的!

一方面计算机具有非凡的计算能力,另一方面计算机又对某类计算无能为力,这是一对具有时代性的矛盾!人类智慧及时捕捉了这对矛盾,并充分利用这一机遇,使它造福于自己。其中最典型的要算公开密钥的“RSA密码体制”。这种体制要求每个通信者选两个不同的大素数p、q(比如100位的素数),令$n=p\cdot q$,再找一个和$(p-1)(q-1)$互素的数r。有了n、r两个数,就可以把通信的内容通过计算机转换成密码传给对方。对方则可以根据p、q、r,通过计算机将密码还原,从而完成整个保密的通信工作,在这里n、r甚至可以公开。问题在于:外人要想从近200位的大数n中分解出p、q是极为困难的。目前的计算机对这样的课题,一样毫无办法!倘若有朝一日,人们找到了分解大数的有效途径,那么“RSA密码体制”也将同时失去它的魅力。所以“RSA密码体制”的出现,是一种时代的契机!

计算机带给人类的另一个重大变革是蓬勃兴起的模拟技术。目前这种技术正被用于研究那些理论上探讨较为困难、实践上实施又代价昂贵的课题,如战争模拟、航天发射、经济前景的预计、服务体系的运转,等等。

据透露,美国陆军在1969—1972年曾推出一种模拟作战系统,在计算机上进行演习。这种模拟系统双方对抗人员多达6000人,使用直升机、坦克等36种武器,"战斗"持续4～6分钟。现在这一模拟系统已被世界各国作为训练军官指挥能力的一种重要手段。

图9.7.1是美国约翰斯·霍普金斯大学于1952年研制成的坦克战斗模拟,这是最早的把计算机模拟技术用于战争实验的尝试。图中战斗区域为正六边形的格子所覆盖。黑色的格子表示树林,白色区表示开阔地。双方各有十辆坦克(图中黑白点),其运动、遭遇、胜负均按概率的规律来确定。这种模拟目前已发展成为一类颇具吸引力的游艺项目。

图 9.7.1

用机器证明定理,这是人类梦寐以求的设想,计算机的出现给这方面的努力带来了生机。

数学定理的证明,正如一个世纪前德国数学家雷米欧司所说的:"几何问题在还没有证出之前,很难说它是困难还是容易。"雷米欧司为此举出了一个他当时还没有想出的几何题:"如果一个三角形有两条角平分线相等,那么它必为等腰三角形。"(图9.7.2)这道题后来由另一位德国数学家斯坦纳证出,因此称为斯坦纳—雷米欧司定理。没想到,这个连著名数学家都感到困难的题目,在20世纪60年代,竟找到了极为简单的证法。

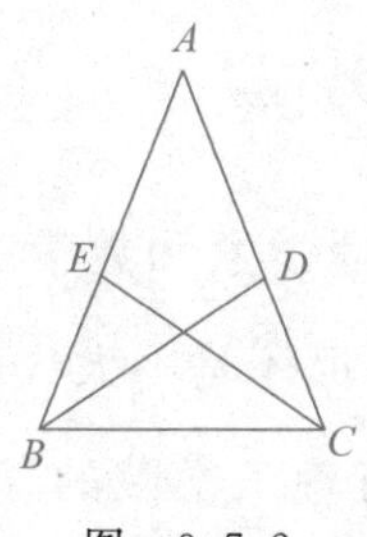

图 9.7.2

计算机本身是不会证题的。关键在于操纵计算机的人必须“告诉”它证题的机械程序。20 世纪初，大数学家希尔伯特对一类交点型的定理，给出了证明的机械办法。到了 50 年代，波兰数学家塔斯克证明：所有的初等几何命题都可以用机械的方法找到解答。但他的方法过于繁杂，不便通过计算机予以实现。

到了 70 年代，我国著名数学家吴文俊提出了“三角化”和“逐次除法”等机器证题方法。这一方法不同于塔斯克的解法，它效率高，且能通过计算机加以实现。目前，人们已用它证出了欧几里得《几何原本》中的全部命题，而且还证出了一些属于微分几何范畴的定理。

计算机带来的革命，既考验了计算机的计算能力，也锻炼了人类的智能。那些担心下一世纪的数学将因计算机的发展而萎缩的“智力危机论”者，终将被时代证实为“杞人忧天”！

吴文俊(1919—2017)

8. 揭开混沌现象的奥秘

今天,混沌现象已成为物理学家和数学家争相研究的对象。然而“混沌”作为一门科学来进行研究,那还是不太久以前的事。

20 世纪 70 年代,美国麻省理工学院的气候专家爱德华·洛伦兹用一台计算机,探索风的模式变化对气候产生的影响。他输入程序后便离开实验室去喝咖啡。当他返回实验室时,计算结果已经打印出来。开始他认为看到的充其量只是一些常规结果,不料看后竟使他大吃一惊。原来计算表明,风的模式如有细微变化,甚至会使全球气候发生剧变。据此,洛伦兹形容说:“如果一只蝴蝶在巴西拍动翅膀,有可能在美国的得克萨斯州兴起一阵龙卷风。”这便是著名的“蝴蝶效应”。洛伦兹的研究揭示了混沌现象最本质的内在规律,那就是初始条件细小变化会使最后的结果面目全非!由于人们无法记录其所有可能的变化,也无法关注到全部简单而微小的情形,这就使得人们准确预测许多现象成为不可能。因为信息的微小误差,经过不断增加,便可能导致混沌事件。

图 9.8.1 是洛伦兹用计算机画出来的实验结果图。图中的白色的线条称为轨线,类似于我们在几何中讲的轨迹,以及在物理中讲的质点的运动轨道,等等。

图 9.8.1

这张图就是洛伦兹所创造出的第一幅混沌科学的图画。它类似于一条三维螺形曲线,不自交也不重复。图中的两条轨线无尽地逼近的两个圈圈，叫洛伦兹吸引子，是混沌理论中对于上述形状出现的一个术语。洛伦兹吸引子是混沌理论中一个重要的概念。

“混沌”原是古人想象中世界开辟前的无序状态。在中国古代即有“混沌初开，乾坤始奠，气之轻清上浮者为天，气之重浊下凝者为地”之说。古希腊人也把混沌描述为事物生成前宇宙的原始空虚状态，认为先是混沌，而后才有大地和欲念。近代，人们把混沌理解为充满偶发事件的难以捉摸的混乱现象。这种现象普遍存在于自然界。如翻滚的乌云、江河的紊流、生命的繁衍、疾病的流行以及社会的运动，等等。

下面我们举一个最简单的混沌例子——马蹄铁映象。

图 9.8.2 可以看成一块马蹄铁形带馅的面团，至于这块面团怎么才能使它从左上图变为左下图，读者看图自明。

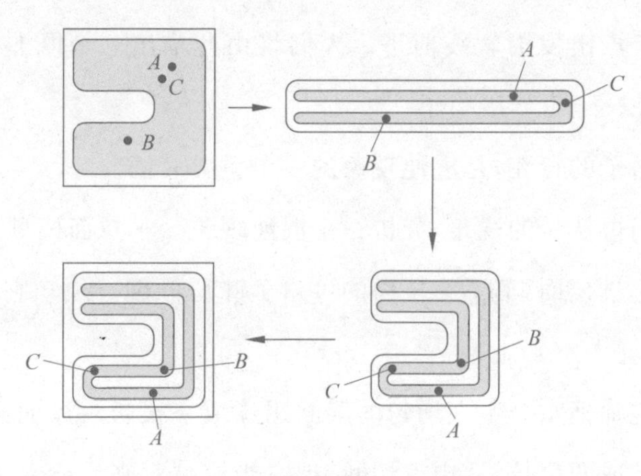

图 9.8.2

显然，人们可以继续下去，并且找出马蹄铁的迭代形象，即它在初始方块中的逐次形象。

首先，从上面例子可以看出：作为观察点的 A、B、C 在变换中位置起了很大的变化。这才变了一次，想象它经过千百次这样的糅合变换后，A、B、C 的位置在哪里，谁也说不清楚！它与原先所给的 A、B、C 初始位置有着密切的关系。原先靠得较近的 A、C 两点，只变一次就拉得很开；而原先

离得较远的 A、B 两点，只变一次却又变得离近多了。它们经过若干次变换后会怎么样？其复杂程度大家可想而知。这种对初始值的高度敏感性，可以套用一句成语，叫作“差之毫厘，谬以千里”。这就是混沌现象的最本质的特征。

其次，在马蹄铁映象中，点位置变换的轨迹描出一条空间的曲线，它就是我们前面讲到的轨线。

最后，在马蹄铁映象中，人们发现它们是一个套在一个之中，每次都使马蹄形的数目加倍。所有这些迭代的交集（这里我们的直观想象已不再够用），藏身于一个奇怪的形状中，它由一条无限而又连通的带形所组成，又为所有马蹄铁的变形所共有。这就是奇异吸引子。它超出了建立在我们日常经验上的几何直观，但是它确实存在。为了使其变得更明显，只需从方块的任何一点出发沿轨线前进。人们将由此描出一个既非曲线又非曲面的混合对象——奇异吸引子。

奇异吸引子的存在，是混沌现象的一个重要表征。

下面我们再从量的视角，分析一个混沌现象——拉面模型。

大家都吃过拉面，莫不为拉面的可口美味所倾倒。须知它的可口与混沌现象有关。

一位面包师把水分不太均匀的湿面团揉成一根长一尺面条（圆柱形），把它均匀拉长成两尺长，从中点切断，把右半段拿起来平行左移，使其与左半段重合；这时进行第二回合的拉伸与重叠，即把重合后的一尺长的面条向右拉伸成两尺长，从中点切开，把右半段平行左移，使其与左半段重合；如此不断地反复操作，就能使面条各处的湿度和碱分趋于一致，使做成后的面点香甜可口。这是为什么呢？原来其中隐藏着极其深刻而复杂的数学道理。

为了让大家更清楚拉面师的动作，我们一起看图 9.8.3。这张图非常有名,叫"阿尔诺德"猫。这只猫随着拉面师的动作,被切成许多碎块。但隐藏在面团方块中的猫,依然使人感觉到它的忽隐忽现!

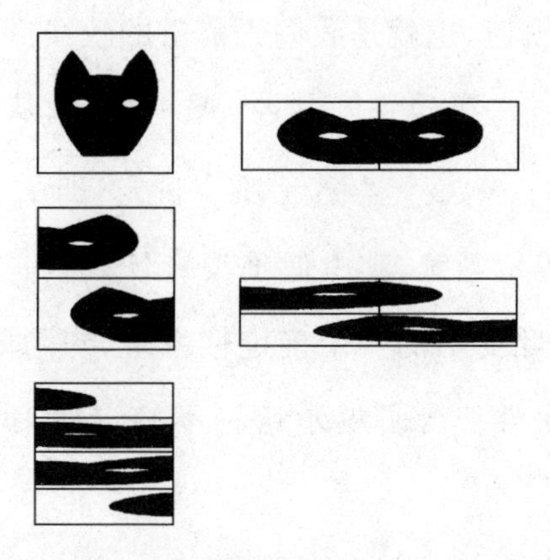

图 9.8.3

无论是面团也好,"阿尔诺德"猫也好,随着拉面的拉伸与重叠的反复进行,会出现下列现象:

(1) 面条上某些点对本来距离十分近(它们的距离小到任意指定的程度),但后来两者的距离又会拉远到一个十分可观的程度。即对初始值的高度敏感性。

(2) 面条上有无数的点,在拉伸重叠一个固定的次数后,又回到原来的位置。即存在无数的周期轨线。

面条上存在这种点,随着拉伸重叠地进行,它可以移动到任意指定的点的任意近旁,即轨线的遍历性。

下面我们用数学手段严格证明上面的结果:

把一尺长的面条放在 X 轴的$[0,1]$区间上,那么上面的拉伸重叠过程的数学模型是$[0,1]$到自己的映射 $\sigma(x)$ 。

$$\sigma:[0,1]\to[0,1],\sigma(x)=\begin{cases}2x, & 0\leqslant x<\dfrac{1}{2}\\ 2x-1, & \dfrac{1}{2}\leqslant x\leqslant 1\end{cases}$$

设 x_0 为初始点；把 $\sigma(x)$ 视为运动，则每次拉伸重叠后的落点

$$x_1=\sigma(x_0), x_2=\sigma(x_1), \cdots, x_n=\sigma(x_{n-1}), \cdots$$

是一串“脚印”，通称轨道，也就是我们先前讲的轨线。

这里，x_1 被 x_0 唯一确定；x_2 被 x_1 唯一确定，从而也就被 x_0 唯一确定，即 $x_2=\sigma(\sigma(x_0))$；…；x_n 被 x_{n-1} 唯一确定，即 $x_n=\sigma^n(x_0)$；…。所以 $\sigma(x)$ 的轨道是一个确定系统，其中似乎没有什么事是不确定的。但是，始料不及的是，就是如此简单的一个确定性系统，却隐藏着内在随机性造成的极为复杂的不确定性！为了揭示这种不确定性，我们用二进制来表示 $[0,1]$ 中的数。

任取 $x_0\in[0,1]$，在二进制中可写成：

$$\begin{aligned}x_0&=a_1\frac{1}{2}+a_2\frac{1}{2^2}+\cdots+a_n\frac{1}{2^n}+\cdots\\&=0.a_1a_2\cdots a_n\cdots\end{aligned}$$

其中 $a_i\in\{0,1\}, i=1,2,3,\cdots$ 于是

当 $a_1=0$ 时，$x_0\in\left[0,\frac{1}{2}\right)$

$$\begin{aligned}\sigma(x_0)=2x_0&=a_2\frac{1}{2}+a_3\frac{1}{2^2}+\cdots+a_n\frac{1}{2^{n-1}}+\cdots\\&=0.a_2a_3\cdots a_{n-1}\cdots\end{aligned}$$

当 $a_1=1$ 时，$x_0\in\left[\frac{1}{2},1\right]$

$$\begin{aligned}\sigma(x_0)&=2x_0-1\\&=\left(1+a_2\frac{1}{2}+\cdots+a_n\frac{1}{2^{n-1}}+\cdots\right)-1\\&=a_2\frac{1}{2}+a_3\frac{1}{2^2}+\cdots+a_n\frac{1}{2^{n-1}}+\cdots\\&=0.a_2a_3\cdots a_n\cdots\end{aligned}$$

总之，当 $x_0 \in [0,1]$ 时

$$\sigma(x_0) = 0.a_2a_3\cdots a_n\cdots$$

$\sigma(x_0)$ 动作总是把 x_0 中的小数点后第一位数字删除，后面位置的数字移前，故也称 $\sigma(x_0)$ 为移位映射。所谓移位是指小数点向右移一位，且把小数点前的非零数字变成零。历史上是伯努利（Bernoulli）首先研究这一函数，所以也称 $\sigma(x_0)$ 为伯努利移位映射。

那么，为什么我们说拉面模型是一种混沌现象呢？因为由拉面模型可以推导出一个移位映射。由移位映射可以发现，原先两个相距很近的初始值，例如：

$$x_0 = 0.a_1a_2\cdots a_na_{n+1}$$

$$x'_0 = 0.a_1a_2\cdots a_na'_{n+1}$$

它们一直到小数点后第 $n+1$ 位才分辨出不同。它们之间相差为 $|x_0 - x'_0| = \frac{1}{2^{n+1}}$，当 n 很大时可以变得非常小。

然而，当它们经过 n 次“移位”之后，其差：

$$|\sigma^{(n)}(x_0) - \sigma^{(n)}(x'_0)| = |0.a_{n+1} - 0.a'_{n+1}| = \frac{1}{2}$$

即原先小数点后的微小差异，此时表现了出来。这就是对初始值的敏感性。看，混沌的本质终于露出来了！

总之，现在大家可以确信，拉面模型的确是一种混沌现象。顺便说一下，这种“移位映射”常见于普通的计算机和计算器中，有一个键叫 Delete（或 Del），就是“移位”。

在素以严密著称的数学中，发现混沌现象出于一个偶然的事件。

1974 年 4 月的一天，美国马里兰大学的博士研究生李天岩拜访他的导师约克教授。约克教授无意间提起：不知区间迭代的情形究竟怎样？一个星期后，李天岩证明出了一个意想不到的结果：

“若 $f(x)$是区间$[a,b]$上的连续自映射，且有一个 3 周期点，那么它同时存在着 n 周期点($n>3$)。”

这一定理的结论颇为简单，但却不容易被人看出！例如，图 9.8.4 画出了区间$[0,1]$上的函数

$$f(x)=\begin{cases}x+\dfrac{1}{2}, & x\in\left[0,\dfrac{1}{2}\right]\\ -4\left(x-\dfrac{1}{2}\right)^2+1, & x\in\left[\dfrac{1}{2},1\right]\end{cases}$$

的图像；从图像中容易看出它有一个 3 周期点：

$$f(0)=\frac{1}{2},\quad f\left(\frac{1}{2}\right)=1,\quad f(1)=0$$

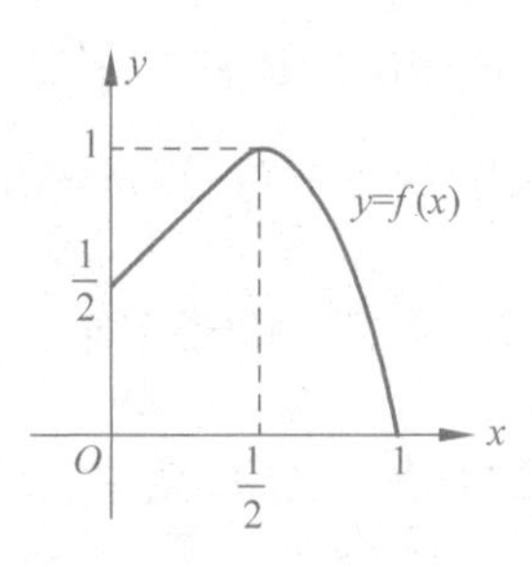

图 9.8.4

但即使对数学很有造诣的人，也难说个个都能从中看出它有 4 周期点、5 周期点或 n 周期点！

李天岩和约克的论文发表在一本相当普及的数学杂志上，标题为 *Period Three Implies Chaos*，译成中文就是《周期 3 则乱七八糟》。这篇文章宛如投入平静湖面的一颗小石子，竟不可思议地激起了一股全球性的“Chaos”热。“Chaos”一词，就是我们今天所译的“混沌”。

1976 年，对混沌学的研究出现了重大突破。美国康奈尔大学的物理学家费根鲍姆(Feigenbaum)，在探索迭代过程时，惊奇地发现了一个普适常数。

原来，在研究一些生物的繁衍（诸如鱼群的数量或昆虫种群数量的变化）时，可以归结为一种常见的二次函数

$$f(x)=\lambda x(1-x),\quad x\in[0,1],\quad 0\leqslant\lambda\leqslant 4$$

的迭代：

$$x_{n+1}=f(x_n)=\lambda x_n(1-x_n),\quad n=0,1,2,\cdots$$

当分析迭代结果时，出现了以下几种可能：

(1) $0\leqslant\lambda\leqslant 1$。此时对任何的初始值 x_0，迭代都收敛于不动点 $O(0,0)$。

(2) $1<\lambda<3$。此时除 $x=0$ 为不动点外，其余的初始值均使迭代收敛于点 $P\left(1-\dfrac{1}{\lambda},1-\dfrac{1}{\lambda}\right)$。这从图 9.8.5 可以看得很明显。对于上述情形，我们称 O 为"排斥子"，而称 P 为"吸引子"。

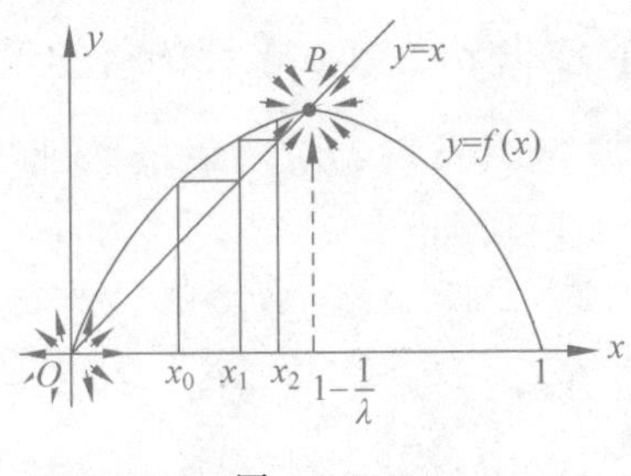

图　9.8.5

(3) $\lambda\geqslant 3$。此时情况比较复杂：

当 $\lambda<3.449$ 时，不动点 $\left(1-\dfrac{1}{\lambda}\right)$ 又由吸引子转为排斥子，中间同时派生出两个 2 周期点；而当 $3.449<\lambda<3.544$ 时，上述两个 2 周期点又分化为 4 个 4 周期点；当 $3.544<\lambda<3.564$ 时，4 个 4 周期点又分化出 8 个 8 周期点；……

总之，随着参数 λ 的增大，上述分歧过程会不断发生。一系列的分歧值 $\{\lambda_n\}$ 是

3,3.449,

⋮

3.544,

⋮

3.564,

⋮

3.569…

这些值到后面越来越靠近,并收敛于 $\lambda=3.569945972\cdots$。此时,对任何初始量,迭代结果都不会收敛于一个确定的值,而是在[0,1]区间上游荡,随机地出现于任何位置!

一种确定性的数学迭代过程,居然能出现随机性的结果,这是人们闻所未闻,见所未见的。它使世界上数以千计的科学家对此另眼相看了!

更为神奇的是,费根鲍姆发现:周期倍增的速度,即相邻两个分歧值间距的比值

$$F_n=\frac{\lambda_n-\lambda_{n-1}}{\lambda_{n+1}-\lambda_n}\quad(n\geqslant 1)$$

趋向于一个常数 $F=4.669201629\cdots$

例如,对我们前面所讲的迭代系统

$$f(x)=\mu x(1-x),\quad x\in[0,1]$$

有表 9.8.1:

表 9.8.1 迭代情况

'n	分岔情况	分岔值	间距比值
1	1 分为 2	3	
2	2 分为 4	3.449489743	4.751466
3	4 分为 8	3.544090359	4.656251
4	8 分为 16	3.564407266	4.668242
5	16 分为 32	3.568759420	4.66874

续表

'n	分岔情况	分岔值	间距比值
6	32 分为 64	3.569691610	4.6691
⋮	⋮	⋮	⋮
∞	混沌	3.569945972	4.669201629

人们查验了各种各样的迭代，最后全部得出了相同的常数 F 值。看来，这是一个自然界具有普遍意义的数。尽管人们对它所隐含着的秘密至今仍不清楚！

寻找紊乱中规律的混沌科学，目前还在深入研究。更为深刻的结果正在被揭示。人们期待着这门新兴的学科，将改变新世纪的人类对宇宙间运动的认识！

9. 运筹帷幄，决胜千里

前面我们已经介绍过，诺贝尔奖不设数学奖，但这不等于说数学家不能获诺贝尔奖。事实上就有一位地地道道的数学家在 1975 年获得了诺贝尔经济学奖，他就是苏联数学家康托罗维奇(Kantorovich)。他的工作起于 1939 年，他所发展起来的线性规划理论，在此后数十年中取得了巨大的经济效益。

线性规划是运筹学的一个分支，而运筹学又是应用数学的一个分支。运筹学是为各行各业的管理提供科学决策的依据。

例如某工厂生产甲、乙两种产品。已知生产甲产品 1 吨需要原材料 1 吨、煤 2 吨、劳力 1 人，可获利润 400 元；生产乙产品 1 吨需要原材料 1 吨、煤 1 吨、劳力 2 人，可获利润 300 元。现知该厂原材料库存量 250 吨，煤库存量 400 吨，现有劳力 400 人。问应如何组织生产，才能保证工厂获得最大的利润？

今设该厂生产甲、乙产品分别为 x、y 吨。依题意可以列出以下线性不等式组：

$$\begin{cases} x \geqslant 0 \\ y \geqslant 0 \\ x + y \leqslant 250 \\ 2x + y \leqslant 400 \\ x + 2y \leqslant 400 \end{cases}$$

目标函数(所要追求的利润值,单位百元)为

$$\omega = 4x + 3y$$

现在的问题是,在前面不等式组的约束下,怎样使目标函数 ω 取得最大值?

这是一类运筹学中典型的线性规划问题。解决这类问题的一般性方法是所谓"单纯形法"。康托罗维奇的思路是：如图 9.9.1 所示,不等式组把未知量的取值限制在一个区域 Ω 中；而目标函数对于不同的 ω 值,表现为一组互相平行的"直线"；从而 ω 的最大值必将在区域 Ω 的角点上取得。

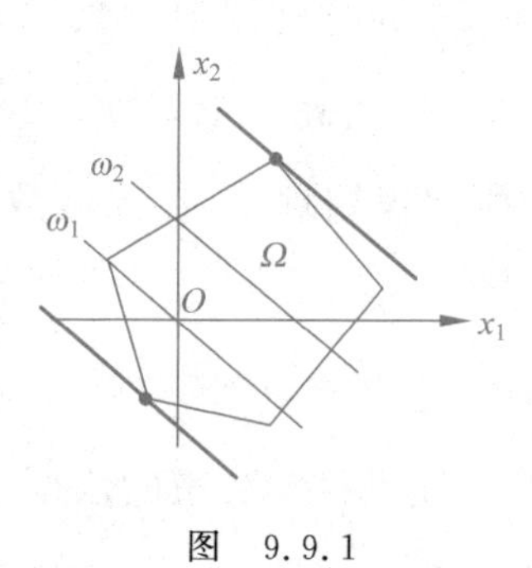

图 9.9.1

图 9.9.2 的阴影区即为 Ω 区域。其角点可以解得如下：

$O(0,0)$；$A(0,200)$；$B(100,150)$；$C(150,100)$；$D(200,0)$。

将各角点坐标分别代入目标函数 ω 可得

$$\omega_O = 0；\omega_A = 600；\omega_B = 850；\omega_C = 900；\omega_D = 800。$$

这就是说,在 C 点处目标函数取最大值 900。即该厂应生产甲产品

150 吨,乙产品 100 吨,可望获取最大的利润 9 万元。

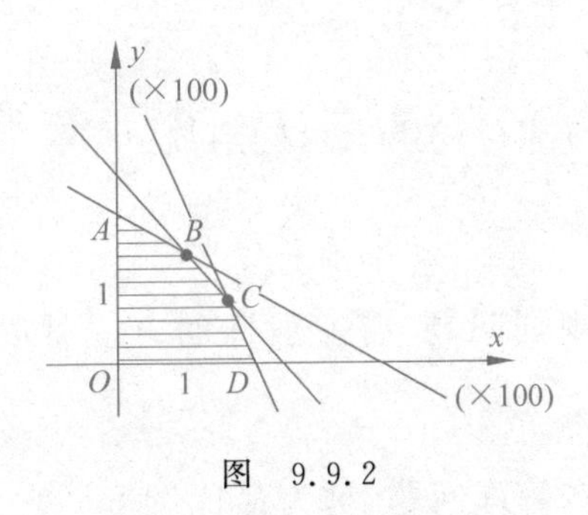

图 9.9.2

从上例读者可以看出,线性规划的实用性很强。自康托罗维奇提出线性规划模型的半个世纪来,其在理论和实践上都取得了长足进展,产生了巨大的社会效益。1979 年,线性规划在理论上又出现了重大突破:苏联青年数学家哈奇扬发现了一种求解线性规划问题的“椭球算法”。这项震动世界的发现与计算机技术的迅猛发展,交相融合,使线性规划这门数学分支成为造福人类的更加有效的工具!

线性规划理论与无鞍点的对策模型之间,也存在着内在联系。例如,假定甲方以概率 p_i 取策略 A_i,可望赢得不小于 p 的值 V。这意味着:

$$\begin{cases} a_{11}p_1+a_{21}p_2+\cdots+a_{m1}p_m\geqslant V \\ a_{12}p_1+a_{22}p_2+\cdots+a_{m2}p_m\geqslant V \\ \vdots \qquad\qquad\qquad \vdots \\ a_{1n}p_1+a_{2n}p_2+\cdots+a_{mn}p_m\geqslant V \end{cases}$$

令

$$x_i=\frac{p_i}{V}\quad(i=1,2,\cdots,m)$$

则上不等式组的约束化为($V>0$)

$$\sum_{i=1}^{m}a_{ij}x_i\geqslant 1\quad(j=1,2,\cdots,n)\qquad(*)$$

此时我们的目标是在不等式组(*)的约束下,求 V 的极大值。注意到

$$\sum_{i=1}^{m} x_i = \frac{\sum_{i=1}^{m} p_i}{V} = \frac{1}{V}$$

从而问题化为在约束(＊)下求目标函数

$$f = \sum_{i=1}^{m} x_i$$

的极小值。这是线性规划问题,有一般性的方法可以求解。对于乙方,可以用同样的方法处理。

下面是又一类生产管理问题,称为最优调度。它是近些年来取得较大成果的运筹学分支。

问题是这样的:某车间接受一项紧急任务,加工 A、B、C、D、E 这 5 个特殊零件;每个零件都要经过车、铣两道工序;先经车床加工,然后再由铣床加工;加工各零件所需的时间如表 9.9.1:

表 9.9.1　零件加工时间表　　单位:小时

工序	零件				
	A	B	C	D	E
车	3	7	6	3	5
铣	2	5	6	5	4

已知该车间现有车床、铣床各一台;问应如何合理调度,使这批任务能够最快完成?

组织者如果不动脑筋,按序加工,那么就会像图 9.9.3 那样,

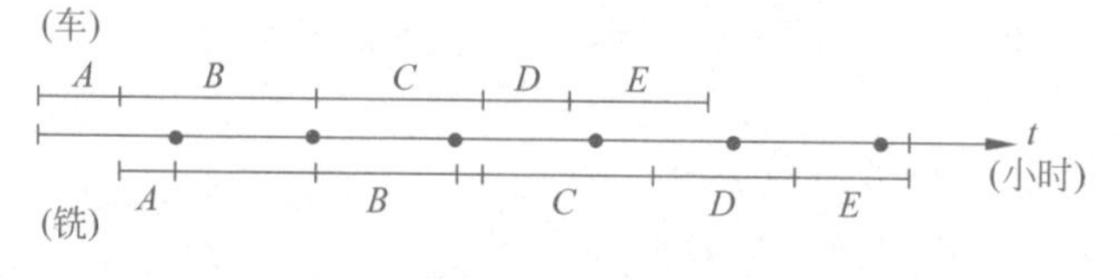

图　9.9.3

虽说无论是车工还是铣工,一接到任务便埋头苦干,但整个任务的完成却需要 31 小时。

然而运筹学的最优调度法告诉我们：如果按照 D、C、B、E、A 的顺序组织加工，将会取得最优的结果。这时完成整个任务仅需 27 小时！（图 9.9.4）

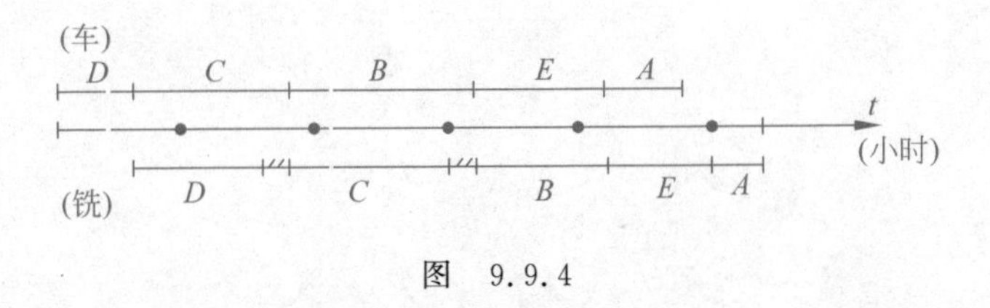

图 9.9.4

读者一定很想知道，上例中的最优结果是怎样得到的？其实也很简单，记住以下口诀就行了："表中找最小，是车摆前面，是铣放后头；用后列去掉，再从头！"例如，表 9.9.1 中最小的是 A 列的铣加工"2"；因此"是铣放后头"，A 零件要放在最后加工。现在把已确定的 A 列去掉，剩下表中最小的是 D 列的车加工，根据"是车摆前面"的程序，D 零件应摆在最前面加工……

一般的最优调度问题都远比上述复杂。经过数学家们的不断努力，近些年来在这一分支上取得了很大进展，而且发现了一些意想不到的结果。

最近传来令人欣慰的消息，美国明尼苏达大学的 O. 伊巴拉和马里兰大学的 C. 基姆，创造出了一种用于生产调度的新算法，用这种新算法调度完成任务的时间 f_k，与最优调度所需要的时间 f_{opt} 相比有

$$\frac{f_k}{f_{opt}} \leqslant 1 + \frac{1}{k}$$

而且最多需要 kn^2 个步骤，从而避免了代价的指数增长。这里的 k 是人们从 n 个任务中，按加工时间长短挑选出的时间最长的任务数（k 为偶数）。

进入 21 世纪以来，随着计算机技术的飞速发展和运算速度的爆炸性提升，人类大踏步进入了大数据时代。大数据与机器深度学习的交融，催生了"人工智能"的鹊起！

深度学习的"层状智慧"，如同图 9.9.5 的深度网络结构：外界输入的

海量数据，不断驱动着整个网络学习的过程，并最终转化为有价值的知识输出。

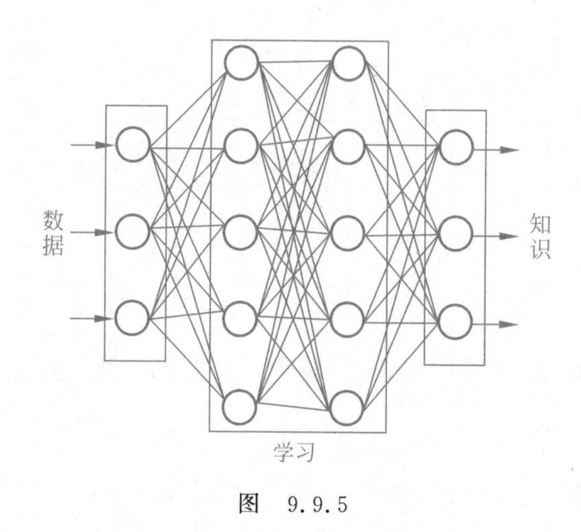

图 9.9.5

人工智能与深度学习最为生动的例子，莫过于“人机之战”：

1996年，美国IBM公司的计算机“深蓝”，挑战当时的国际象棋世界冠军卡斯帕罗夫，结果以2∶4告负，但翌年5月11日，通过深度学习后的“更深的蓝”，终以3.5∶2.5取得了胜利。这令当时世人瞩目！

在围棋方面，继谷歌的AlphaGo于2015年8月以5∶0战胜三届欧洲冠军樊麾，2016年3月以4∶1击败世界顶级棋手韩国的李世石之后，2017年1月，通过近一年深度学习的AlphaGo的升级版Master，以砍瓜切菜之势，横扫各路高手，取得了60∶0的骄人战绩，立下了人机对抗史上新里程碑。

那么AlphaGo是怎么进行深度学习的呢？

首先，让AlphaGo做“策略学习”，即学习如何落子，学习既往的人类战果（向AlphaGo输入3000万局古今中外棋谱和网络对局）；其次，做价值学习，即学习评估局面，通过程序的自我博弈（如“左右互搏”）来发现能提高胜率的策略；最后，使用“蒙特卡罗树搜索”（MCTS）的算法，让程序对给定的棋局选择出最优的落子位置，如此而已。

从本质上讲，人工智能的目标就是最优化：在复杂环境与多体交互中做出最强的决策。几乎所有的人工智能问题，最终都将归结为一个优化问题的求解，正像人机对抗中大家见到的那样。所以，从某种意义上讲，把“人工智能”看成（大数据背景下）运筹学的分支，也不能说没有道理！

运筹学思想反映了人类征服自然的意志。它具有两个明显的特点：第一，从全面出发考虑问题；第二，数学模型源于实际又用于实际，并在实践运用中具有显著的效益。俗话说：“运筹帷幄之中，决胜千里之外”，这用来形容运筹学是很贴切的。

运筹学分支繁茂，除上面介绍的线性规划和最优调度外，还有非线性规划、排队论、存储论、决策论等。随着电子计算机技术的发展，运筹学如鱼得水，迎来了又一次“春暖花开”的好时光！